高等职业教育"十四五"服装系列教材

服饰图案
设计与应用

第二版

郑 军　白展展　主　编
孟祥三　李 莹　副主编

内容简介

本书系统介绍了服饰图案的基本概念和特征、构成与设计、电脑操作、表现技法、应用与创新等内容，对于提高读者对服饰图案的认知能力会起到一定的积极作用。本书注重理论的系统性、科学性、条理性，更注重专业性、实用性和可操作性，使理论与实践相结合，技术与艺术相结合，符合现代艺术设计专业工学结合的实践教学特点。

本书既可作为高等院校、职业院校服装设计专业及相关专业的课程教材，也可以作为服饰图案加工制作行业工作人员的参考书。

图书在版编目（CIP）数据

服饰图案设计与应用/郑军，白展展主编．—2版．—北京：化学工业出版社，2024.4

ISBN 978-7-122-45177-4

Ⅰ.①服… Ⅱ.①郑…②白… Ⅲ.①服饰图案-图案设计 Ⅳ.①TS941.2

中国国家版本馆CIP数据核字（2024）第051703号

责任编辑：蔡洪伟　　　　　　文字编辑：刘　璐
责任校对：宋　玮　　　　　　装帧设计：王晓宇

出版发行：化学工业出版社
（北京市东城区青年湖南街13号　邮政编码100011）
印　　装：北京缤索印刷有限公司
787mm×1092mm　1/16　印张11　字数265千字
2024年7月北京第2版第1次印刷

购书咨询：010-64518888　　　售后服务：010-64518899
网　　址：http://www.cip.com.cn
凡购买本书，如有缺损质量问题，本社销售中心负责调换。

定　　价：58.00元　　　　　　　　　　　版权所有　违者必究

第二版前言

自古以来，人类生活中的衣、食、住、行及生活用品都离不开图案的装饰，尤其是服饰图案的运用最为突出。随着现代科技的发展与进步，信息化水平的提高，服饰图案的设计与应用对于服饰的装饰和美化更是不容忽视，尤其对于表达服饰的设计主题更是起着至关重要的作用。服饰图案具有基础图案的基本特征，但更具有自身的图案表达理念。既然是服饰图案，就要与服饰紧密结合，使之必须符合服饰的造型、色彩、结构和工艺特点。所以，本书在展示服饰图案的不同表达形式的同时，力求更加注重服饰图案的应用设计，结合时尚流行元素，彰显运用了新形式、新材料、新工艺的服饰图案效果。

纵观我国历朝历代的服饰图案演变，在艺术手法处理上和形式美法则运用上，无不体现国学的思想体系。传统的服饰图案设计注重的是基础图案的塑造，结合传统的图案制作工艺，彰显凝重肃穆的装饰效果；现代服饰图案注重传统与时尚的结合，自由奔放、设计灵活。民间的传统图案是我们进行服饰图案设计的源泉，好的服饰图案作品总是既符合设计主题，又能恰如其分地表达设计者的审美情趣，让人赏心悦目。

服饰图案课程隶属于服装设计专业，随着高等院校服装设计专业与职业教育实践教学改革的不断深化，该课程更加注重课程思政、技能实训、顶岗实习的一体化教学，突出教学的实践性和可操作性，同时，该课程还以职业岗位群为目标，注重培养学生的动手操作能力。服饰图案是服装设计专业的基础课程，强化学习本课程可为专业课程的学习打下牢固的基础。

本书包括服饰图案概述和服饰图案的基础构成元素、基本规律与设计法则、表现技法、电脑设计、应用、创新、中西方历代服饰图案纹样演变八项内容，系统地介绍了服饰图案的设计、制作与应用过程，将服饰图案设计与电脑应用操作结合，强化艺术与技术的职业性，力求展现工学结合的特色。通过梳理中西方历代服饰图案纹样的演变，展示了中西方历代服饰图案纹样的丰富多彩与文化差异性，为今天的现代服饰图案设计提供了参考和依据。

本书第一章、第四章、第六章、第八章由郑军编写，第二章、第三章由白展展编写，第五章由孟祥三编写，第七章由李莹编写。全书由山东岱银纺织服装集团刘德庆、山东服装职业学院郑军统稿。

由于编者水平有限，时间仓促，书中疏漏之处在所难免，敬请广大读者批评指正。

编者

2023年12月

目录

模块一　服饰图案基本要素　　001

第一章　服饰图案概述　　002

第一节　服饰图案的认知　　002
　　一、图案的概念　　002
　　二、图案的分类　　003
　　三、图案与服饰图案的关系　　003
第二节　服饰图案的特征　　004
　　一、统一性　　004
　　二、从属性　　005
　　三、审美性　　005
　　四、象征与寓意性　　006
　　五、装饰与功用性　　007
　　　　实训题　　008

第二章　服饰图案的基础构成元素　　009

第一节　图案的基本形式要素　　009
　　一、点　　009
　　二、线　　012
　　三、面　　013
　　四、图案的综合构成　　015
第二节　图案的色彩　　015

一、	色彩的基本要素	015
二、	图案的色调组织	022

第三节　图案的应用构成　　　　　　　　　　022
　　一、单独式纹样的应用构成　　　　　　　022
　　二、连续式纹样的应用构成　　　　　　　025
　　三、群合式纹样的应用构成　　　　　　　028
　　　　实训题　　　　　　　　　　　　　　028

模块二　服饰图案的设计及表现　029

第三章　服饰图案的基本规律与设计法则　030

第一节　服饰图案的基本规律　　　　　　　　030
　　一、变化与统一　　　　　　　　　　　　030
　　二、变化的作用与方法　　　　　　　　　030
　　三、统一的作用与方法　　　　　　　　　033
　　四、变化与统一的关系　　　　　　　　　035
第二节　服饰图案的设计法则　　　　　　　　036
　　一、对称与均衡　　　　　　　　　　　　036
　　二、对比与调和　　　　　　　　　　　　037
　　三、比例与黄金分割　　　　　　　　　　038
　　四、节奏与律动　　　　　　　　　　　　039
　　五、韵律与重复　　　　　　　　　　　　040

六、生理错视与心理错觉　　040
　　　　实训题　　043

第四章　服饰图案的表现技法　　044

　第一节　服饰图案的表现形式　　044
　　一、写生与归纳整理　　044
　　二、表现内容　　045
　　三、表现方法　　046

　第二节　服饰图案的设计　　048
　　一、具象记录　　048
　　二、抽象表达　　051
　　三、组合解构　　051
　　四、平面形态　　052
　　五、立体形态　　052

　第三节　服饰图案的制作与应用　　053
　　一、色彩、材质组合形式　　053
　　二、工艺表现与应用　　055
　　附图：各类图案、装饰画作品欣赏　　060
　　　实训题　　062

第五章　数码服饰图案与Adobe Illustrator　　063

　第一节　数码服饰图案基本知识介绍　　063
　　一、数码服饰图案基础概念　　063
　　二、数码图案格式类别　　063
　　三、数码服饰图案设计表达　　065
　第二节　设计数码服饰图案的电脑软件简介　　066

一、Adobe Illustrator 简介　　066
　　二、Adobe Illustrator 工具箱简介　　066
第三节　Adobe Illustrator 绘制数码服饰图案基础讲解　067
　　一、单独纹样绘制　　067
　　二、适合纹样绘制　　070
　　三、连续纹样绘制　　073
第四节　Adobe Illustrator 绘制数码服饰图案案例　077
　　一、图案填充　　077
　　二、创建图案色板　　077
　　案例一：利用色板图案填充操作　　079
　　案例二：利用"裁剪"路径按钮，进行面料
　　　　　　图案填充服装操作　　081
　　案例三：创建不规则的图案及应用　　085
　　案例四：封套填充服装图案及应用　　087
　　　　实训题　　088

模块三　服饰图案的应用与创新　089

第六章　服饰图案在服装中的应用　090

第一节　服饰图案设计的基本原则与针对性　090
　　一、基本原则　　090
　　二、针对款式的服饰图案设计　　095
　　三、针对款式的服饰图案系列化设计　　098
　　四、图案装饰的部位　　102
第二节　自然主题的服饰图案设计　105
　　一、植物与花卉主题　　106

二、人物、动物主题　　　　　　　　　　107
　　三、建筑、绘画及其他主题　　　　　　　108
第三节　工业设计主题的服饰图案设计　　　109
　　一、现代社会的产物　　　　　　　　　　109
　　二、发展与应用　　　　　　　　　　　　110
　　　实训题　　　　　　　　　　　　　　　111

第七章　服饰图案的创新　　　　　　　　112

第一节　寻找设计灵感　　　　　　　　　　112
　　一、传统与民俗文化　　　　　　　　　　112
　　二、具象与抽象图案　　　　　　　　　　114
　　三、流行与时尚元素的图案　　　　　　　115
第二节　服饰图案的策划和设计　　　　　　117
　　一、造型意向　　　　　　　　　　　　　117
　　二、造型依据　　　　　　　　　　　　　117
　　三、设计阶段　　　　　　　　　　　　　119
　　　实训题　　　　　　　　　　　　　　　121

模块四　中西方服饰图案比较　　123

第八章　中西方历代服饰图案纹样演变　　124

第一节　中国历代服饰图案纹样演变　　　　124
　　一、新石器时代　　　　　　　　　　　　124
　　二、夏商周时期　　　　　　　　　　　　125

三、春秋战国时期	126
四、秦汉时期	127
五、魏晋南北朝时期	130
六、隋唐时期	132
七、宋代时期	136
八、辽金元时期	137
九、明清时期	142
十、民国时期	146
十一、新中国成立后	147
第二节　西方历代服饰图案纹样演变	151
一、古代时期	151
二、中世纪时期	154
三、文艺复兴时期	155
四、巴洛克时期	156
五、洛可可时期	157
六、新古典主义时期	159
七、西方工业革命以后和近现代时期	159
实训题	165

参考文献　　　　　　　　　　　　　166

模块一

服饰图案
基本要素

第一章 服饰图案概述

学习目标

1. 认知图案的概念、分类，了解图案与服饰图案的关系。
2. 掌握服饰图案的基本特征。

第一节 服饰图案的认知

一、图案的概念

图案，顾名思义，即图形的设计方案。其英文是design，包含图案之意，还有设计、计划、图样、结构等多种含义。图形是指在一个二维空间中可以用轮廓划分出若干空间的形状，图形是空间的一部分，没有空间的延展性，它是局限的可识别的形状，其构成元素有直线、曲线等。

《辞海》艺术分册对图案的解释是："广义指为了对造型、色彩、纹饰进行工艺处理而根据事先设计的方案所制成之图样。有的器物（如某些家具等）除了造型结构，别无装饰纹样，亦属图案范畴（或称"立体图案"）。狭义则专指器物上的装饰纹样和色彩。"

我国图案教育家、理论家雷圭元先生对图案的定义为：图案是实用美术、装饰美术、建筑美术方面，关于形式、色彩、结构的预先设计。在工艺材料、用途、经济、生产等条件制约下，制成图样，是装饰纹样等方案的通称。

图案的设计首先属于美术学的范畴。从艺术设计的实用功能来看，图案的设计与应用要从美学的角度对生活物品与审美形式，如造型、结构、色彩、肌理做一个合理的策划，具体到实用则表现为某种装饰或者装饰纹样在物体上的表现状态。设计者可以根据形式美的法则以及应用装饰的目的，选取适当的材料、加工工艺、技术手段等，通过设计构思，对整体的图案造型、色彩、装饰纹样等进行设计，然后按设计方案制成所需要的图样，并运用到具体的器物、服饰上。无论是东方的图案运用还是西方的图案运用都遵循这样的基本规律，但由于东西方文化的差异，图案在表现形式上则不尽相同（如图1-1）。

东方图案

西方图案

图1-1　东西方图案的比较

二、图案的分类

图案分类的方法有很多,根据图案的形成和社会的需要大体分为以下几种:

按时代特色分,有史前图案、传统图案、现代图案。

按空间表现分,有平面图案、立体图案。

按社会关系分,有宫廷工艺美术图案、民间工艺美术图案。

按形式结构分,有单独图案、适合图案、连续图案、角隅图案、边饰图案等。

按形象特点分,有写实具象图案、变形抽象图案等。

按装饰题材分,有植物图案、动物图案、人物图案、风景图案、文字图案、器物图案、自然现象图案、几何图案,以及由多种题材组合或复合的图案等。

按加工材料和工艺技术特点分,有纺织图案、陶瓷图案、漆器图案、工业造型图案、商标图案、服饰图案、建筑设计类图案、家具图案、书籍装帧图案等。

三、图案与服饰图案的关系

服饰图案来源于基础图案,基础图案的范畴更为宽泛,它涉及建筑、绘画、服饰、雕塑等艺术设计内容。纵观中外设计史,无论是历史传承的传统风格的图案还是彰显个性的现代风格的图案,都体现了强烈的时代感与应用特色。

譬如,隋唐时期是封建文化高度发达、灿烂辉煌的一个时代,当时南北统一,疆域辽阔,政治经济高度发展,文化艺术繁荣昌盛,中外交流频繁。唐朝服饰的图案大多体现开化、自由、丰满、华美、圆润的华贵风格,日常生活中的图案多以真实的花草鱼虫为元素进行创作。图案多为对禽、对兽、宝相花、贵、王、吉等象征吉祥如意的纹样。尤其以宝相花最具特点,宝相花其实是一种综合了各种花卉因素的想象性图案(如图1-2)。"花中有叶,叶中有花,虚实结合、相互交叠,花团锦簇,美不胜收",充分体现了隋唐时期社会空前繁荣的现实状况。

图1-2 唐代宝相花夹缬褶绢裙
(新疆吐鲁番阿斯塔那出土)

国学是中国历朝历代传统思想文化的集合,根植于先秦经典及诸子百家。内容涉及哲学思想、政治经济、历史文化、天文地理,以及书画、音乐、易学、术数、医学、建筑等。国学是中华民族独特的文化符号,更是我们认识、改造世界,修养身心、涵养德行的精神指南。我国历朝历代服饰图案的演变,无论是艺术手法处理,还是形式美法则的运用,无不体现国学的思想体系。例如,大小、动静、高低、黑白、含蓄与奔放等都体现了和谐统一性;"太极""阴阳五行"等观念反映出"天人合一"的思想;"图必有意,意必吉祥",既注重形式美,也注重含义美。中国传统服饰图案是国学中的一项重要内容,也是世界服装艺术宝库中的重要文化遗产。作为一种符号、纹样等视觉创意,中国传统服饰图案融进了国学思想和图案属性,有丰富的内涵与外延,它所反映的美学、哲学思想,尤其在现代社会的高质量发展中,对纺织服装行业产业转型升级具有十分重要的现实意义。

第二节　服饰图案的特征

图案的主题内容通过适合的材料和一定的加工工艺，使设计构思变为可视的物质产品，通过人们的应用和鉴赏过程来彰显自身的审美特征。

在日常的艺术创作和艺术设计中，形式美规律的运用和形式美感的表现都是必不可少的，它是我们创作和设计所要遵循的基本法则。

服饰图案是通过合理的构思、布局，在造型和色彩组织上塑造出能够展现主题思想的装饰性、可操作性的图案。在设计制作过程中，需要运用形式美的法则、方法和技巧来完成，把适合的图案装饰在服饰上。

服饰图案作为图案艺术的一个门类，是整个图案艺术的一部分，它是针对服装、佩饰及附属物构件的服饰设计和装饰纹样。

服饰图案以美化人们的生活为宗旨，功用性和审美性是服饰图案的主要特性，并反映生活的时代面貌。作为独特的装饰形式，服饰图案又有自身的特征，主要表现为：服饰图案主件与配件的统一性、服饰图案材料的从属性、服饰图案设计的审美性、服饰图案内容的象征与寓意性、服饰图案的装饰与功用性等。

无论从哪一个特征而言，服饰图案的表现只有将健康的艺术格调、优美的艺术形式、科学的工艺过程、合理的实用功能统一，才能体现服饰的思想内容，彰显服饰图案自身的应用价值。

一、统一性

服饰图案的统一性与整个服饰系列的统一性是一致的，既包含造型、色彩、材料的统一，也包括服饰与附件、配件的统一，服装与人体、环境的统一。服饰的装饰素材繁多，除各种以工艺形式表现的图案以外，还有纽扣、缉线、袢带、褶裥、拉链、钉珠、腰带、镶色、编结、商标，以及帽子、首饰、头巾、围巾、领带、包饰、鞋、袜等。服饰的设计与制作就是把诸多元素有机地结合起来，或者是用图案的各种造型表达一定的设计用途，形成完整的统一性（如图1-3）。

阎立本《历代帝王图》
东汉光武皇帝刘秀所穿
冕服，其领口、袖口的
纹样体现服饰图案的统一性

彝族服饰在服装不同部位
都有一致的刺绣图案

中国风的现代
服饰图案设计

图1-3　服饰图案的统一性

实际上，在很多的设计作品中，设计师在设计服饰的功能时，都或多或少地在服饰图案的统一性与协调性的组合上做取舍，从而达到满意的设计效果。

二、从属性

服装是人体的第二层皮肤，可见人体与服装关系密切，但人是主体，脱离了人体谈服装，则失去了服装的真正意义。人体的结构决定了服装的结构，人体的运动形态决定了服装结构的变化。服饰图案是依附于衣物而进行装饰的，它又随着服装的结构变化而呈现出不同的状态。其中，图案工艺技法和肌理效果的表现形式、图案装饰的结构部位、图案材料的选择等要素都要根据造型的特点和着装环境而定。

在诸多影响要素中，服饰图案的表现受材料和工艺的制约最为明显。由于各种原材料的质地和性能差异，服饰图案所产生的装饰效果也不尽相同。如质地厚实的牛仔面料、皮革面料所产生的图案效果粗犷丰厚，质地细密的丝绸面料、雪纺面料所产生的图案效果纤秀婉约。所以，在进行服饰图案的设计与制作时，既要考虑符合原材料的特点，又要利用和发挥原材料的优势，以便确定合适的图案表达形式（如图1-4）。

皮革立体切割图案　　皮革压花图案　　牛仔布刺绣图案　　丝绸刺绣图案

图1-4　服饰图案的从属性

三、审美性

形式美的设计法则是一切艺术设计内容所参照的基本原则，受现代设计理念的影响，物质生活用品的设计在实用功能的基础上更要关注造型、色彩、肌理效果的视觉冲击力，也就是说人们在使用产品的同时，更要享受到审美的愉悦，即审美性。服饰图案的运用正是为了增强服装的审美效果，以表达设计者的理念和所要展现的主题。服饰图案的审美性除了体现在图案的基本形式美之外，更多的是展现了服饰的整体美、多样性统一、外在美与内在美的协调。在一个主题设计中，服饰图案的形式美也是审美的主要方面，如对称美、比例美、韵律美、色彩美、流行美等。纵观中外服饰史，服饰图案带给人们的视觉审美享受更是服饰图案本身的形式美的延续（如图1-5）。

着绕襟长袍女俑　长沙马王堆一号汉墓出土，袍缘绘黑地红花织锦，袍面彩绘云纹

文艺中国风现代旗袍

现代新式男款唐装图案设计

图1-5　服饰图案的审美性

四、象征与寓意性

任何服饰图案的表达，都是为了说明服饰本身的主题用意和审美意境。在设定具体的图案以后，服饰图案要配合服饰的多重价值及服饰自身结构形式的要求，呈现出相应的美学特征。纵观中外服饰史，每一个时间段的服饰图案都展示了该时代的文化背景、价值取向和深刻的寓意。就服饰本身而言，除了最基本的蔽体和修身功能以外，还具有追逐流行、表现个性、隐喻人格、标示地位等多种功能。在阶级社会，服饰图案更是统治阶级身份和地位的象征。人们对华丽、富贵吉祥图案的追求并没有随着时间的流逝而减弱，而是随着社会和经济的发展越来越强烈。因此服饰图案不仅是美化服饰的手段，也是服饰含纳多重价值的重要手段。

例如，在我国的封建时代，龙作为帝王的象征，更多的是延伸到帝王和帝王周边的一切生活化的东西：龙颜、龙廷、龙袍、龙宫等。龙袍又称吉服，是皇帝在一般典礼时所穿的服饰。所谓龙袍，当然要有龙的图案，龙袍上的各种龙章图案，历代有所变化。龙的数量一般为9条：前后身各3条，左右肩各1条，襟里藏1条，正背面各显示5条，以彰显帝位的"九五之尊"。清代龙袍还绣"水脚"，即下摆等部位有水浪山石图案，寓意山河统一、天下太平（如图1-6）。

图1-6　龙袍服饰图案的寓意性

在西方的服饰历史中，服饰图案表现的象征性也屡见不鲜。公元391年，狄奥多西皇帝把基督教定为国教，富有宗教色彩的服饰达尔玛提卡（dalmatica），没有性别区分，而且普及面广，所以很快成为人们的日常服装。在其款式构成上，线条单纯、造型朴素，一般是把面料裁成十字形，中间挖领口，将侧缝和袖下缝合在一起，形成宽松贯头衣，自肩至下摆装饰着两条红紫色的条饰叫作"克拉比"（如图1-7）。克拉比纯粹是一种宗教色彩的装饰，可以随便使用。公元4世纪以后，衣袖的形状有所增加，直筒形的躯干部分装饰有腰带，胸围多余的量被去掉，特别是男子的袖子明显变窄，便于活动，但克拉比的宗教象征性一直没有改变。

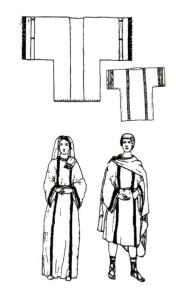

图1-7 达尔玛提卡上的"克拉比"装饰

五、装饰与功用性

任何艺术设计语言都具有装饰与功用性，图案设计是人类有目的、有意识的社会性创造活动，是人类社会的物质文化活动。从最原始的符号图形到审美意识的产生，装饰与功用是一对孪生兄弟，相互影响、相互促进。

服饰图案设计属于工艺美术，与纯艺术绘画不尽相同。纯艺术绘画具有现实意义和永久性的欣赏价值，随时可以发挥它应有的作用；而服饰图案则更注重它的现实意义，脱离了时代、脱离了服装的穿着背景、脱离了服装，则不能显示它的装饰与功用性。在现代社会中，服饰图案的大量运用主要是在现代工业艺术设计活动领域，所以服饰图案也成为装饰与功用性相结合的一种艺术表现形式。

服饰图案作为一个相对独立的工艺设计门类，除了具有工艺设计门类的共性以外，还有其自身的特征，如纤维性、修身性、动态性、再创性、流行性等（如图1-8）。

图1-8 各类纤维、织物的服饰图案装饰与功用性

1. 图案的概念是什么?
2. 图案的分类有哪些?
3. 如何理解图案与服饰图案的关系?
4. 服饰图案的特征有哪些?

第二章　服饰图案的基础构成元素

学习目标

1. 明确图案的形式要素：点、线、面，掌握其特性，丰富设计语言。
2. 掌握色彩的色相、明度、纯度三大要素的特性，运用色彩原理完成创作。
3. 运用图案纹样的设计，塑造平面形象，为学习服装设计课程打好基础。

第一节　图案的基本形式要素

无论是文化差异还是个性差异，我们可以将千姿百态的图案变化形式归纳为具象形态和抽象形态。形的基本构成要素是点、线、面，它们作为图案的形式要素，不仅仅是几何学中的概念，还具有更加广泛的意义。

一、点

（一）点的定义

《辞海》中对点的解释之一为细小的痕迹。如：斑点。《晋书·袁弘传》："如彼白圭，质无尘点。"在图案中，点可视为面积相对较小的形。一定面积的形，在相对大的对比形态中为点，反之则为面（如图2-1）。对点的感受与其形状无关，可以是几何的圆形、方形、三角形等多边形，也可以是具象的水滴、米粒等不规则形。

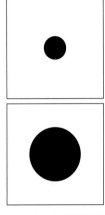

图2-1　点的相对性

（二）点的特性

单位面积越小，点的特性越强；对比物相差比例越大，点的特性越强。点的体量、位置、疏密、明暗、排列不同，带来的视觉感受也不同（如图2-2～图2-6）。

1. 体量差别

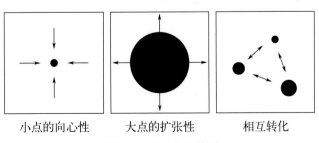

小点的向心性　　　大点的扩张性　　　相互转化

图2-2　点的体量差别

2. 位置差别

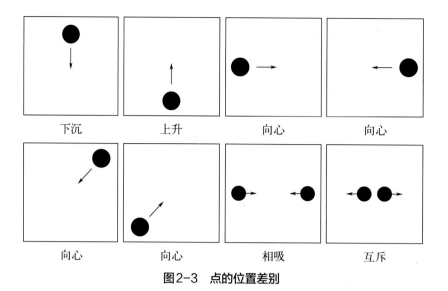

图2-3　点的位置差别

3. 疏密差别

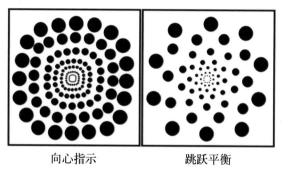

图2-4　点的疏密差别

4. 明暗差别

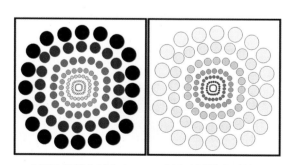

图2-5　点的明暗差别

5. 错视现象

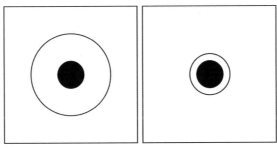

大圈对比点显小　　　　　小圈对比点显大

图2-6　点的错视现象

（三）点的情感

1. 大小

大点有扩张感、稳定感、简洁感，小点有收缩感、跳跃感、琐碎感。

2. 多少

多点有秩序排列具有平静感、透视感、运动感、节奏感，多点无秩序排列具有散漫感（如图2-7）。

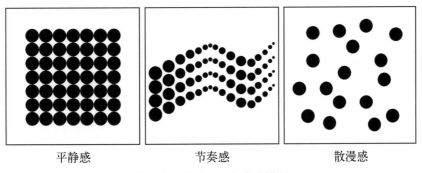

平静感　　　　　　　节奏感　　　　　　　散漫感

图2-7　点的大小与多少排列

3. 形状

圆点有柔顺感、运动感，方点有呆滞感、次序感（如图2-8）。

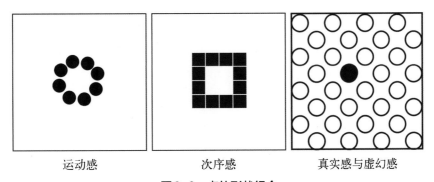

运动感　　　　　　　次序感　　　　　　真实感与虚幻感

图2-8　点的形状组合

二、线

（一）线的定义

几何学上线是指一个点任意移动所构成的图形（如图2-9）。

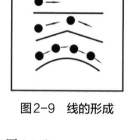

图2-9　线的形成

（二）线的特性

线具有很强的方向感和表现力，可分为直线和曲线两类。

1. 直线

直线有明确的方向性，可分为水平线、垂直线、斜线、折线（如图2-10）。

2. 曲线

曲线有流动性和韵律感，可分为几何曲线和自由曲线（如图2-11）。

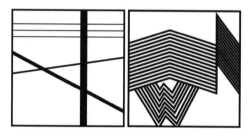

图2-10　各种直线的表现形式

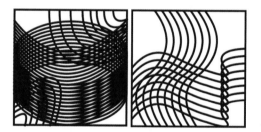

图2-11　各种曲线的表现形式

3. 错视现象（如图2-12）

形状错觉：

横竖线长短相同　　都是垂直线　　弗雷泽螺旋：都是同心圆

位置错觉：

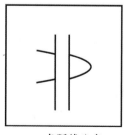 

一条弧线分离　　三个正方形

图2-12　各种线的错视现象

（三）线的情感

线的方向、长短、粗细、疏密、虚实、质感等变化，会表达出不同的视觉情感。

(1) 水平线：平静、宽阔、稳定、安定。
(2) 垂直线：上升、下落、威严、挺拔。
(3) 斜线：运动、飞跃、下滑、速度。
(4) 折线：凹凸、起伏、动荡、转折。
(5) 几何曲线：规则、秩序、理性。
(6) 自由曲线：弹性、自由、活泼。
(7) 长线：持续、速度、延续。
(8) 短线：急促、迟缓、断续。
(9) 粗线：强壮、厚重、迟钝。
(10) 细线：纤细、轻巧、敏感。
(11) 实线：突出、强劲、真实。
(12) 虚线：神秘、柔弱、轻柔。

（四）线的运用

概括起来主要有三个用途。

(1) 造型线：塑造形象，在图案设计中最常用。
(2) 压边线：图案之上勾勒轮廓，起到美化作用。
(3) 界路线：划分主次、色彩等区域。

三、面

（一）面的定义

由二维空间长和宽构成的形称为面，点或线的积聚也可成为面。

（二）面的特性

面的边缘造型决定了面的形态，同时也决定了面的特征。面的类型大致可分为几何形、自由形、偶然形和有机形（如图2-13）。面的表现有实和虚之分，实形为可见形，着重强调；虚形为留白形，做衬托。

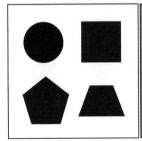
几何形（实形）

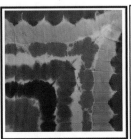
自由形（虚形）

偶然形

有机形

图2-13　面的各种形状

（1）几何形：以直线和曲线造型按照数学方式构成，具有简洁、明确、稳定的特点。

（2）自由形：非数学方式构成的面，具有活泼、生动、随意的特点。

（3）偶然形：不受主观控制，偶然形成的面，具有自然、独一的特点。

（4）有机形：有生命之感的物体形象，如鹅卵石、扁豆等，具有自然、膨胀、弹性的特点。

（5）错视现象（如图2-14）。

面积错觉：

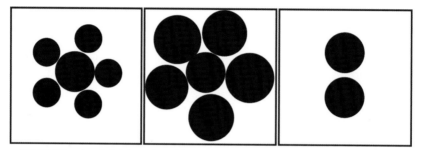

相同的圆，中心圆显大　　相同的圆，中心圆显小　　相同的圆，上圆显大

形态错觉：

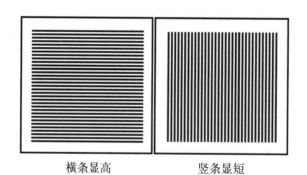

横条显高　　　　竖条显短

明暗错觉：

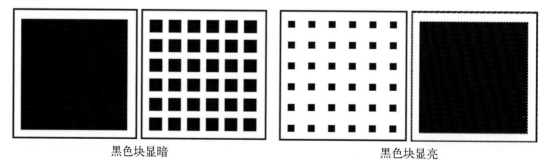

黑色块显暗　　　　　　　　黑色块显亮

图2-14　面的各种错视现象

（三）面的情感

（1）直线形面：规范感、明了感、秩序感、数理感。

（2）曲线形面：完美感、柔软感、平滑感、弹性感。

（3）自由形面：多变感、优雅感、散漫感、流动感。

（4）偶然形面：随意感、自然感、惊奇感、朴素感。
（5）实形面：刺激感、充实感、明确感、积极感。
（6）虚形面：朦胧感、虚弱感、后退感、消极感。

（四）面的运用

面是重要的造型元素，可用平涂法组成形象，也可用留形法强调主体。
（1）平涂法：实形，单一色平涂主体形象，突出整体效果。
（2）留形法：虚形，刻画底纹形象，空出完整主体纹样。

四、图案的综合构成

点、线、面是图案造型的基本设计元素，它们相互组合、相互作用会形成更加丰富的表现形式。如点的放大与聚集会形成面，使画面有渐进和过渡之感。线的平置与组合会形成面，使画面有安定和运动之感。面的形态与表现会丰富设计语言，使画面有趣味和层次之感。点、线、面综合运用，可以表现出形的变化和黑白灰的层次，突出生动的画面效果（如图2-15）。

图2-15　点、线、面的综合构成图案

第二节　图案的色彩

在图案的构成要素形、色、质中，以色彩这种元素最为丰富和醒目。它的特性和组合关系强烈地影响着图案整体的设计和美感，所以对色彩设计规律的把握和运用具有非常重要的意义。

一、色彩的基本要素

色彩是光、物与视觉的综合现象。1666年，牛顿通过玻璃三棱镜将太阳光分散出红、橙、黄、绿、青、蓝、紫顺序的光带，它以电磁波的形式在空气中传播，其中紫色光波长最短，红色光波长最长，于是通过三棱镜时会呈现不同的色彩。物体吸收并反射光线，通过人的视觉观察就会呈现不同的颜色。如物体反射红色光而吸收其他色光，就呈现红色；物体反射所有色光，就呈现白色。

色彩的基本要素主要有三个，即色相、明度和纯度。色相就是色彩的相貌，如大红、湖蓝等，它是区别色彩的主要依据，是色彩的最显著特征。明度即色彩的明亮程度，如黄色的明度要远远大于紫色，其他色居中。还有同一色相间可有明度差别，如深红色、大红色和粉红色。纯度就是色彩的鲜艳或浑浊程度，单色相的色彩，纯度最高的为标准色。各个色相又有纯度区别，红色纯度最高，绿色反之，其余色居中。

人的肉眼可分辨出130万～180万种颜色，如果把色彩的色相、明度和纯度的变化用一种体系组织起来，就会形成一个类似地球仪的立体坐标。明度组成中轴，白色为顶端，黑色为底端，球心为正灰，色相围绕圆周，顶端为浅色相，总数为一百色系，底端为深色系，纯度由表及里越来越低。最具代表性的就是孟塞尔色立体和奥斯特瓦德色立体（如图2-16、图2-17）。

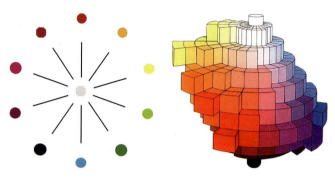

图2-16　孟塞尔色立体

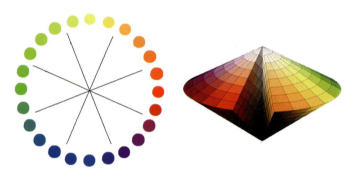

图2-17　奥斯特瓦德色立体

孟塞尔色立体由美国色彩学家、教育学家孟塞尔创立。它以色彩的三要素为基础，色相环以红、黄、绿、蓝、紫为基础，加上其中间色相橙、黄绿、蓝绿、蓝紫、红紫称为十色相，每个色相分十份，按顺时针排列，以各色中间第5个为代表。

奥斯特瓦德色立体由德国科学家、色彩学家奥斯特瓦德创立。色相环以黄-蓝、红-绿两补色对为基础，放在圆周四个等分点上，在两色中间依次增加橙、蓝绿、紫、黄绿四个色相，然后每一色相再分为三色相，成为24色相环，所有相对两色为互补色。

（一）色彩的基本特征

1. 情感性

不同的颜色通过人们的联想与想象能够表达出不同的感情，同一色彩人们的视觉感受也不完全相同。

（1）冷暖　色相差别影响冷暖感觉，橙色为暖极色，蓝色为冷极色。

暖色：红、橙、黄色让人联想到血液、火焰、太阳等，给人相对温暖的感觉。

冷色：蓝色让人联想到天空、海洋等，给人相对寒冷的感觉。

中性色：绿、紫色让人联想到植物、水晶等，比暖色冷，比冷色暖，给人和平、高贵的感觉。

（2）前后

前进感：红、橙等暖色、亮色、纯色、面积大的颜色有前进感。其波长较长，在眼睛视网膜外部成像。

后退感：蓝、紫等冷色、暗色、灰色、面积小的颜色有后退感。其波长较短，在眼睛视网膜内部成像。

（3）缩胀

膨胀感：暖色和明度高、纯度高的颜色有膨胀感，成像焦点远、成像模糊，有扩张感。

收缩感：冷色和明度低、纯度低的颜色有收缩感，成像焦点近、成像清晰，有收缩感。

（4）软硬

柔软感：明度高、纯度中性的颜色有柔软感，使人联想到肌肤、毛绒。

坚硬感：明度低、纯度很高或很低的颜色有坚硬感，使人联想到金属、钢铁。明度高的白色也有坚硬感，使人联想到纸张、金属。

（5）轻重

轻盈感：明度高、纯度高的暖色有轻盈感，使人联想到棉花、花卉。

沉重感：明度低、纯度低的冷色有沉重感，使人联想到石头、钢铁。

（6）动静

跳动感：暖色和高纯度、高明度的颜色有跳跃感，给人兴奋有朝气之感。

沉静感：冷色和低纯度、低明度的颜色有沉静感，给人严肃与庄重之感。

（7）华丽质朴

华丽感：纯色、亮色和对比大、有光泽的颜色有华丽感，如金黄色。

质朴感：灰色、暗色和对比小、粗糙的颜色有质朴感，如蓝灰色。

（8）通感

味觉：绿色有酸感、橙黄色有甜感、黑褐色有苦感、红色有辣感。

嗅觉：纯色、亮色，如鲜红色有清香感；灰色、暗色，如灰绿色有腥臭感。

听觉：亮色有高声感，暗色有低声感。蓝色有忧郁调，绿色有舒畅调，红色有奔放调，黄色有欢快调。

触觉：亮色、纯色有光泽感，暗色、灰色有粗糙感。

2. 象征性

颜色受地域环境、社会环境、民族风俗等因素制约，有一定的象征意义。虽然有差别，但都有积极和消极方面的象征。

黑色：（积极）深沉、神秘、寂静、庄严、肃穆，（消极）悲哀、压抑、罪恶。

白色：（积极）洁白、明快、纯真、清洁，（消极）恐惧、空虚。

灰色：（积极）平凡、温和、谦让、中立、高雅，（消极）中庸。

红色：（积极）喜庆、力量、热情、活力、胜利、勇敢，（消极）冲动、愤怒、暴躁。

橙色：（积极）轻快、温馨、时尚，（消极）嫉妒。

黄色：（积极）光明、丰收、快乐、智慧，（消极）颓废、野心、背叛。

绿色：（积极）和平、健康、舒适、希望，（消极）阴森、凄凉。

蓝色：（积极）清新、淡雅、浪漫、理智、平静、博大，（消极）忧郁。

紫色：（积极）神秘、高贵、权威，（消极）压迫、险恶。

世界各国对颜色的喜好由于历史、社会文化等差异而存在很大差别。如，中国人喜欢红色，象征革命胜利意义的旗帜为红色，喜庆节日张灯结彩，红色元素也必不可少。然而非洲一些国家如尼日利亚、乍得、多哥就视红色为不吉利的禁忌色。

3. 实用性

颜色传达着不同情感，它作为服饰图案中最重要的元素之一，运用得更加广泛与多样。不同职业、不同场合、不同年龄、不同身份，人们的着装颜色不尽相同，充分体现了色彩的实用特性。

如警服的色彩醒目安全，医护服的色彩清洁温馨，车间工人服的颜色柔和安定，学生服的颜色朴素大方，登山服的色彩鲜艳醒目，运动服的色彩鲜艳轻盈。

不同场合的着装色彩：喜事场合的着装色彩喜庆鲜艳，丧事场合的着装色彩素雅、简洁。

不同年龄着装：儿童的着装色彩鲜艳，老人的着装色彩朴素。

不同身份的着装色彩：中国古代皇帝、官员的着装色彩为黄、紫、红、绿、青等有彩色系，平民的为无彩色系。

（二）色彩的对比与调和

色彩除了色相、明度、纯度的差别，还会因形状、位置、面积等差别产生对比与调和的效果（如图2-18）。

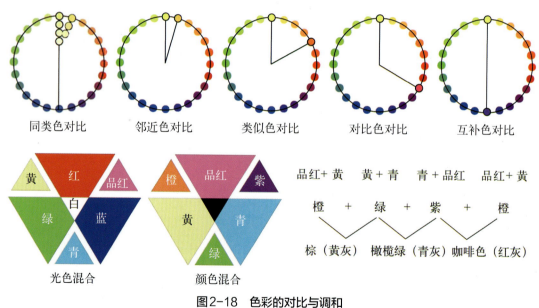

图2-18　色彩的对比与调和

1. 色相对比

色相分无彩色系和有彩色系。无彩色系包括黑、白以及相间的灰色。有彩色系包括有颜色倾向的各种可见色。其中有三种颜色不可分解并且能够调和出其他颜色，称为三原色。光色中三原色为红光、绿光、蓝光，相加之后色彩明度加强（加色混合），第一次相加产生三间色为红光（品红）、黄光（柠檬黄）、蓝光（青），再一次相加则产生白色光。颜料中三原色为红（品红）、黄（柠檬黄）、蓝（青），相加之后色彩明度降低（减色混合），第一次相加产生三间色为橙、绿、紫，第二次相加产生复色黄灰（棕）、蓝灰（橄榄绿）、红灰（咖啡色）等灰色调，再次相加得到纯黑色。

以24色相环为例，各个角度的颜色还存在以下几种对比关系。

（1）同类色对比　色相相同而明度不同的色彩对比。有层次，易统一但变化少。调和要加强明度、纯度变化。

（2）邻近色对比　色相环上相邻两色的对比。色相差别小，容易统一协调但单调。调和要加强明度、纯度变化。

（3）类似色对比　色相环中间隔60°左右色彩的对比。如黄-绿、红-橙、蓝-紫。统一又丰富，但变化稍小。调和要点缀小块对比色。

（4）对比色对比　色相环中间隔120°左右色彩的对比。如品红-黄-青。颜色鲜明，但不易统一。调和时可以改变一个对比色的明度、纯度或面积等。

（5）互补色对比　色相环中间隔180°左右色彩的对比。如红-绿、黄-紫、蓝-橙。对比强烈但不易统一，调和时可以采用黑白灰间隔或改变一个互补色的明度、纯度或面积。

2. 明度对比

色彩的明度可称为色彩的骨骼，明度的变化可丰富色彩的层次。光线不同时颜色的明度也不同。无彩色系中，白色明度最高，黑色最低。有彩色系中，黄色明度最高，紫色最低，橙绿红蓝处于中间。一般一种色彩分为9级明度，白色为9级，黑色为1级，这种明度层次变化构成调子，1～3级为深色系主调，称低调；4～6级为中色系主调，称中调；7～9级为浅色系主调，称高调。根据明度对比强弱分成三种调子：弱对比相差3级以内为短调；中对比相差4～5级为中调；强对比相差6级以上为长调。这六种基调分别搭配，组成9种基调（如图2-19）。

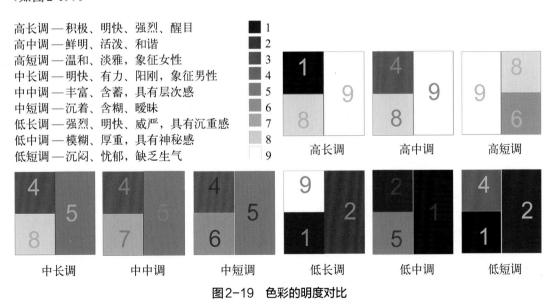

图2-19　色彩的明度对比

3. 纯度对比

色彩的鲜艳程度对比为纯度对比，纯度的改变能够改变色彩带给人们的视觉感受。如大红色给人醒目兴奋的感觉，加入黑或白色，纯度降低变成深红色或粉红色，会给人沉稳或柔美的感觉。如果把同一色彩按纯度分为9个等级，那1～3级为低纯度区，4～6级为中纯度区，7～9级为高纯度区。相对比时，间隔5级以上称强对比，3～5级称中对比，1～2级称弱对比。分别搭配可分出9种纯度对比类型（如图2-20）。

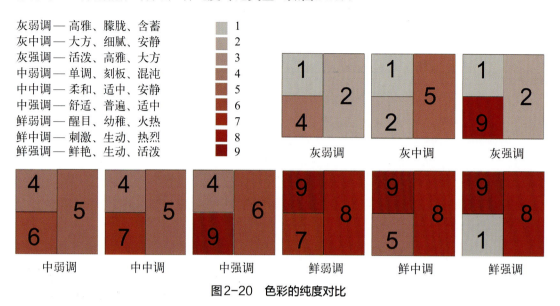

灰弱调— 高雅、朦胧、含蓄
灰中调— 大方、细腻、安静
灰强调— 活泼、高雅、大方
中弱调— 单调、刻板、混沌
中中调— 柔和、适中、安静
中强调— 舒适、普遍、适中
鲜弱调— 醒目、幼稚、火热
鲜中调— 刺激、生动、热烈
鲜强调— 鲜艳、生动、活泼
1
2
3
4
5
6
7
8
9
灰弱调
灰中调
灰强调
中弱调
中中调
中强调
鲜弱调
鲜中调
鲜强调

图2-20　色彩的纯度对比

4. 冷暖对比

色彩组合对比产生冷暖感觉，橙色最暖，蓝色最冷。中性色比暖色冷，比冷色暖。光源为暖色则物体受光面为暖色，背光面为冷色。暖色扩张，冷色收缩，所以利用色彩冷暖对比可增强色彩的层次感和空间感。

5. 面积对比

色彩各色块在构图中所占面积比例对比。配色时，尽量避免色彩面积均等对比，尤其是两色为对比色或互补色时，要强调一个为主色，弱化另一个为点缀色。色彩面积和位置的对比改变，视觉感受也随之改变，如一对互补色面积均等地聚集在一起，会给人强对比、突兀的感觉；如加大一方的面积，分散开进行对比，则对比效果减弱产生协调感。

（三）色彩的视错觉

色彩视觉感受在脑海中留下印象，影响人们对物象的判断产生残像错觉。如长时间看到一种红颜色然后把视线移向另一个地方，会看到红色的补色——绿色。印刷色彩的形成就是单纯的几种色彩通过疏密排列，产生空间混合调和获得各种颜色。

1. 面积差异

暖色产生膨胀感，使人感觉面积增大；冷色产生收缩感，使人感觉面积变小。所以同样面积的冷暖色会产生面积差异的错觉（如图2-21）。

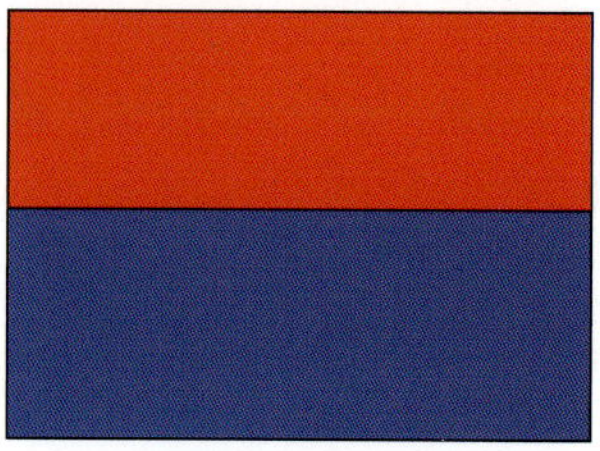

图2-21　感觉红色与蓝色面积相等，实际红色区域的高度小于蓝色

2. 色相差异

橙绿紫三种间色分别具有组成其两原色颜色

的倾向，与其中一种原色对比时会感觉倾向另一种原色，复色同样会有这种颜色差异（如图2-22）。

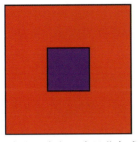 

紫色在红色包围中显蓝色感　　　　紫色在蓝色包围中显红色感

图2-22　色相差异

3. 明度差异

亮色感觉轻，暗色感觉重，使人产生错觉；一种色彩与明度不同的颜色对比，也会产生差异（如图2-23）。

黄色感觉轻、紫色感觉重　　　红色跟紫色比较，感觉红色亮　　　红色跟黄色比较，感觉红色暗

图2-23　明度差异

4. 纯度差异

同一色彩与纯度不同的颜色对比，同样会产生差异（如图2-24）。

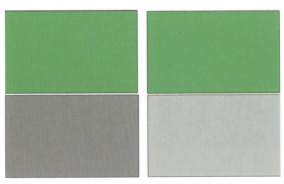 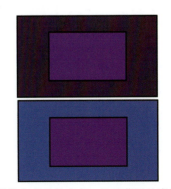

同一绿色对比低纯度色时感觉纯度高　　　　紫比灰蓝显纯度高、比纯蓝显纯度低

图2-24　纯度差异

二、图案的色调组织

图案的色调是画面的整体色彩倾向，其形成是以一种色彩为基础，简练概括地搭配其他几种颜色统一于一个整体中，而这种色调往往在面积较大的底色中表现出来。当然底色的运用必须突出主体花纹的表现，简练的色彩给人更加直观的感受，再配以各种表现手法使画面更加丰富。

（一）无彩色系

黑白灰属无彩色系，只有明度上的差别，但是不能忽视其调和作用。当两色呈强对比关系时加入小面积无彩色系的色彩会起到缓和效果达到调和目的。色彩中加入无彩色系的颜色，纯度、明度都相应产生变化，从而调和画面效果。

$$标准色+白色 \longrightarrow 纯度\downarrow 明度\uparrow$$

$$标准色+黑色 \longrightarrow 纯度\downarrow 明度\downarrow$$

设计图案时运用无彩色系的色彩，能够更加凸显图案的构成结构，简洁明确，效果醒目突出。

（二）暖色系

暖色系主要包括黄色、橙色、红色等，有膨胀、扩张和前进感。图案运用暖色系多以主体花纹出现，更加凸显主体形象的前后层次。暖色系图案应增加色彩明度的变化和黑白灰的调和，以达到丰富柔和的调和效果。

（三）冷色系

冷色系包括蓝色、紫色、绿色等，有收缩、后退感。多运用于图案的底色，从而在空间上衬托前面的主体花纹，形成稳定沉静的效果。冷色系图案可增加明度纯度变化，再加上暖色系图案的点缀，画面层次会更加丰富。

第三节　图案的应用构成

图案的美具有程式化的形式规律，即使形态千变万化，也要依附于一定的组织构成。构成形式可以归纳为三种：单独式纹样、连续式纹样和群合式纹样。

一、单独式纹样的应用构成

单独式纹样是相对独立的装饰纹样单位。它的构成形式有对称式和均衡式。按照装饰部位和用途的不同又可分为自由纹样、适合纹样和角隅纹样。

（一）单独式纹样的形式

单独式纹样的构成形式可以概括为对称式和均衡式两种。对称式是以一条直线或一个点为对称中心，上下、左右纹样相同的构成形式。它的特点是稳重大方，具有安静整齐的形式感。对称式又可分为绝对对称和相对对称两种，绝对对称纹样是完全对称相同，相对对称纹样是整体对称细节稍有不同。均衡式是等量形态自由灵活分布于线或点的左右上下两侧，以保持重心平衡的构成形式。它的特点是自然活泼，具有运动舒展的形式感。

1. 自由纹样

不受任何限制的自由空间纹样（如图2-25）。

图2-25　对称式与均衡式的自由纹样

对称式：左右对称、上下对称、相对对称、相背对称、转换对称、重叠对称。
均衡式：相对式、相背式、S形式、漩涡形式、交叉形式。

2. 适合纹样

适合一定外形制约的组织纹样（如图2-26）。

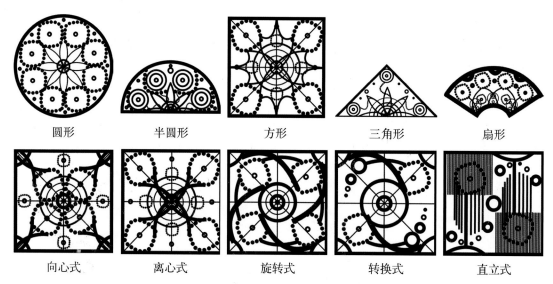

图2-26 各种适合纹样的表现形式

按外形划分：圆形、半圆形、方形、三角形、扇形、正五边形、正六边形、正八边形、桃形、心形、菱形、梅花形等。

对称式：向心式、离心式、旋转式、转换式、直立式、均衡式等。

3. 角隅纹样

依附于服装和器物等物品边缘的角部纹样（如图2-27）。

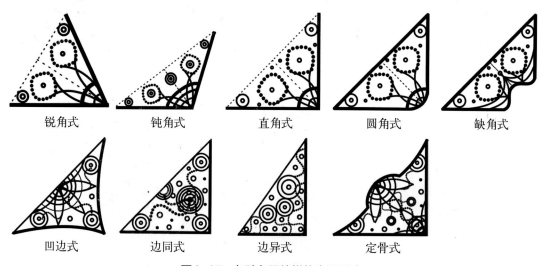

图2-27 各种角隅纹样的表现形式

按角度大小划分：锐角式、钝角式、直角式等。
按顶角变化划分：圆角式、直角式、缺角式等。
按脚边变化划分：凹边式、边同式、边异式等。
按斜角边变化划分：定骨式等。

（二）单独式纹样的设计

单独式纹样是图案中最基本的设计单位，在设计时要求造型规整大方，线条流畅灵活，整体饱满、结构鲜明，强调变化与统一及疏密关系。一般在服装上做点缀或装饰之用（如图2-28）。

均衡式自由纹样（张然然作品）　均衡式自由纹样（周小娇作品）　均衡式自由纹样（张然然作品）

对称式自由纹样（周小娇作品）　离心式适合纹样（杜寻寻作品）　离心式适合纹样（贵州花鸟纹蜡染台布《民间染织》）

向心式适合纹样（《装饰图案设计》）　转换式适合纹样（山东连年有余包袱布《民间染织》）　向心式适合纹样（《装饰图案设计》）　向心式适合纹样（《装饰图案设计》）

图2-28　单独式纹样的表现形式

二、连续式纹样的应用构成

连续式纹样是以一个或几个单独纹样为单位，按照一定规律作连续排列构成，它具有连续性和延展性的特点，可分为二方连续和四方连续。

（一）二方连续、四方连续纹样的形式

二方连续是以一个或几个基本纹样向上下或左右两个方向连续排列，形式有直立式、倾斜式、波状式、折线式、散点式、综合式（如图2-29）。

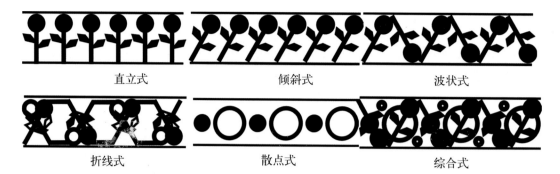

图2-29 二方连续的表现形式

四方连续是以一个或几个纹样单位，向上下左右四个方向连续排列而成（如图2-30）。形式有散点式、连缀式和重叠式。连接方法按照对角线开刀法，有平接和错接两种。

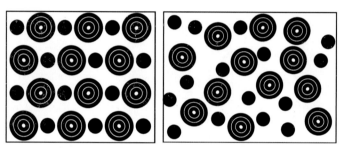

图2-30 四方连续的表现形式

散点式分为规则散点式和不规则散点式。

连缀式分为梯形连缀、波形连缀、菱形连缀。

重叠式分为平接重叠式、错接重叠式。

（二）二方连续、四方连续纹样的设计

连续式纹样在设计时必须强调元素的规律性，它的最大特点在于连续性和条理性，具有强烈的节奏感和韵律感。二方连续一般多用于服装下摆、腰带、袖口等位置。四方连续一般多用于纺织品的图案设计（如图2-31）。

直立式二方连续纹样（郭淑文作品）　　直立式二方连续纹样（王雪作品）

波状式二方连续纹样（郭淑文作品）　　散点式二方连续纹样（郭萌萌作品）

散点式二方连续纹样（韩雪苓作品）　　散点式二方连续纹样（付彩丽作品）

综合式二方连续纹样（付彩丽作品）　　综合式二方连续纹样（《民间染织》）

综合式二方连续纹样（《民间染织》）

梯形连缀四方　　平接重叠四方　　菱形连缀四方连续纹样
连续纹样　　　　连续纹样　　　　（广西太阳花纹壮锦《民间染织》）
（《装饰图案设计》）（《装饰图案设计》）

图2-31　二方连续纹样、四方连续纹样的应用

三、群合式纹样的应用构成

群合式纹样是许多相同、相近或不同的形象自由组成的图案,它具有自由灵活、无规律的特点,可分为带状群合与面状群合。

带状群合

1. 群合式纹样的形式(如图2-32)

带状群合:向上下或左右两个方向延展,呈带状图案。
面状群合:向上下左右四个方向延展,呈面状图案。

2. 群合式纹样的应用构成

组合群合式纹样时应注意元素的统一感和协调对比性,加强层次、疏密等变化。群合式纹样灵活自由,能够充分彰显个性与律动,一般多用于服装整体纹样装饰(如图2-33)。

面状群合

图2-32 群合式纹样的形式

图2-33 群合式纹样的应用

实训题

1. 临摹以花卉和动物为主题的自由式单独纹样。作业要求:整体结构重心平衡,形式美观统一,黑白灰层次明确,造型饱满自然,笔画细腻。尺寸要求:8开纸,花卉、动物主题各四幅,长宽为10cm×8cm的黑白作品一幅。

2. 设计以植物和动物为题材的自由式单独纹样。作业要求:结构严谨,造型美观饱满具有动感,形式元素统一,层次分明。尺寸要求:8开纸,2图,植物、动物主题各一幅,长宽为16cm×10cm的黑白作品一幅。

3. 以植物、动物、人物、风景为题材设计一幅方形适合纹样。作业要求:整体美观突出,动态自然饱满,造型严谨明确,形式语言统一,色彩丰富和谐。尺寸要求:8开纸,直径为18cm,彩色作品一幅。

4. 设计以植物、动物、人物为主题的二方连续纹样一幅。作业要求:单元纹样造型美观、形式饱满,整体结构明确、连贯,节奏感强。尺寸要求:8开纸,3图,植物、动物、人物主题各一幅,长宽为28cm×6cm的黑白作品一幅。

模块二

服饰图案的
设计及表现

第三章 服饰图案的基本规律与设计法则

学习目标
1. 深刻理解变化与统一的基本规律及其具体方法。
2. 掌握形式美法则的内容，能熟练运用到图案设计中。

第一节　服饰图案的基本规律

任何一种艺术都有自己的表现形式，这种形式美感源于事物的本质属性。这种属性在统一规律中不断变化促成了事物的发展与进化。作为形式美感较强的服饰图案也要遵循变化与统一的基本规律，使图案更加具有生命力和感染力。

一、变化与统一

变化与统一是服饰图案设计的基本规律，变化是图案各组成要素产生的对比感觉，统一是元素并置寻求一致性。因此变化具有绝对性，而统一则具有相对性。没有变化感的图案就没有生命力，显得呆板单调。没有统一性的图案就没有章法，显得凌乱无序。变化与统一是协调的矛盾体，它们相辅相成、互相依存，变化过度就会凌乱无序，统一过度则会单调乏味，所以任何一个具有美感的设计都应对变化与统一进行适度运用。具有代表性的中国结造型，形象端庄大方，既包含线条的曲直对比、疏密对比、回转图形的大小对比，又包含了整体线条造型的一致性、线条转折的统一感、交叉方格的同一性。从整体到细节无不体现变化与统一的美感规律（如图3-1）。

图3-1　变化与统一的运用

二、变化的作用与方法

变化遵循视觉美效果，通过整体编排组织再造物象，在形象、色彩和肌理等方面产生对比效果，设计语言会更加丰富，从而有所创新，有所发展。变化遵循的方法与原则有以下几个方面。

（一）渐变与突变

渐变是事物的量变逐渐积累或减少，突变是事物的质变，没有过渡直接飞跃。具体方法可以从排列上进行方向、位置、单位等的变化，也可以从形象上进行形状、大小、疏密、虚实、色彩和肌理等方面的变化，还可以从节奏上设计急缓的效果。渐变效果统一性强，产生流畅的秩序性的韵律美,突变的局部对比效果强烈,吸引视线,产生冲击力,形成焦点(如图3-2～图3-4)。

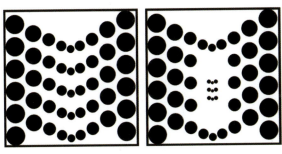

图3-2　渐变与突变

图3-3　艺术家埃舍尔的作品

图3-4　服饰图案渐变与突变运用

(二)自由构成

自由构成是在装饰性的基础上,把视觉基本元素按照主观情感或一定的形式规律进行组织编排而构成的形象。主要变化有两种:感性和理性。自由构成效果丰富多样,洒脱、灵活而充实。感性构成生动活泼,变化多样。理性构成安宁平和、秩序感强(如图3-5～图3-7)。

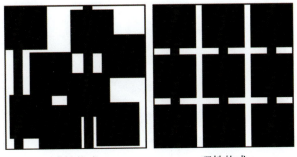

感性构成　　　　　　　理性构成

图3-5　自由构成

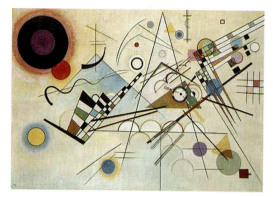
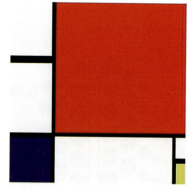

感性抽象派画家康定斯基的《作品Ⅷ》　　理性抽象派画家蒙德里安的《红黄蓝的构成》

图3-6　感性构成与理性构成

图3-7　自由构成的服饰图案运用

（三）解构与聚合

解构与聚合是按照一定的规律分割、分解物象结构元素，重新积聚组合，组成另一种群化图形。这种将原形象或感性或理性分割分解的各元素，通过新的形式群化产生的全新形象具有很强的趣味性、风格化效果（如图3-8～图3-11）。

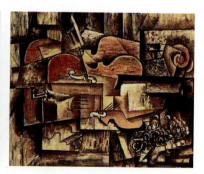

图3-8　解构与聚合　　　　　图3-9　现代派画家毕加索《葡萄与小提琴》

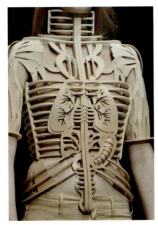  

图3-10 解构主义服饰图案应用

图3-11 服饰图案的聚合

解构主义（Deconstruction）一词正式出现在哲学范畴中应该始于1966年德里达在美国约翰·霍普金斯大学人文研究中心组织的学术会议上的讲演。单从字面上理解，"解"字意为"解开、分解、拆卸"，而"构"字则为"结构、构成"之意。两个字合在一起引申为"解开之后再构成"。后来被时尚领域引用，特别是日本的服装设计领域，泛指那些以披挂、层叠、褶皱、包缠等方式设计的服装。

三、统一的作用与方法

统一是一种整体的协调，虽然各元素之间存在着形状、位置、色彩、肌理等不同的特征，但只有让它们形式协调，存在共通性，才能产生协调之美。统一的方法主要有如下三种。

（一）突出主题

明确中心即突出主题，或在面积上，或在位置上，或在色彩上占据绝对统治地位。其他元素围绕这个中心展开，就能达到统一的目的。圆形、方形和三角形同时并置于一幅画中，圆形作为主题在面积上占有绝对优势，画面主次分明，能够达到统一的效果（如图3-12、图3-13）。

图3-12　突出主题　　　　　　　　图3-13　主题明确的服饰图案

（二）同化主题

主题和陪衬共同加入一种元素产生共同的倾向，如形状、面积、位置、色彩等元素产生同化作用达成一致。方形、圆形、三角形并置，方形主题与其他陪衬形在右上部位都切掉一小块面积，在形状上产生同化效果，达成一致性（如图3-14、图3-15）。

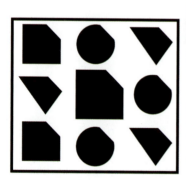

图3-14　同化主题　　　　　　　　图3-15　鱼鳞图案的应用

（三）呼应主题

小面积的主题元素在次要位置出现，产生呼应主题的效果，达到平衡性，同样能够产生统一感。圆形、方形、三角形并置，主题元素圆形在右上方有大块面积，与左下方次要位置的小面积圆形产生呼应效果，使画面产生平衡感，从而实现统一性（如图3-16、图3-17）。

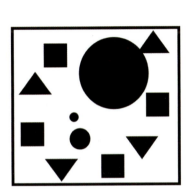

图3-16 呼应主题　　　　图3-17 方格头饰、鞋袜与主题的呼应

四、变化与统一的关系

变化与统一都要掌握一定的度，过犹不及，只有掌握适度原则才会给人带来美的感受。它们之间的关系犹如矛盾的两极但又相辅相成。表现在服饰图案中，就是要在服饰统一的基础上进行图案的变化，使图案永远为服饰提供服务。在图案中，变化与统一的关系亦是如此，主要体现在整体与局部的关系上。在整体统一的前提下，使形象、色彩或肌理产生局部变化，才能达到和谐而完美的效果（如图3-18）。

图3-18　统一性中的变化效果

第二节　服饰图案的设计法则

将变化与统一的形式规律进行概括与归纳产生形式美法则，它的运用是图案设计具有美感的关键。具体有如下六个方面。

一、对称与均衡

对称与均衡是图案设计最常用的两种形式，可满足人们心理上的视觉平衡性。自然界中大到宇宙万物，小到纤维细胞都可以发现这种形式。

对称：在形象、色彩等方面的绝对平衡，以点为心或以线为轴产生等量效果。对称显得平稳安静，统一感强，但过之不免刻板单调。以线为轴的形式主要有左右对称、上下对称和转换对称三种形式（如图3-19～图3-21）。以点为中心的对称主要有发射对称和旋转对称两种形式（如图3-22）。

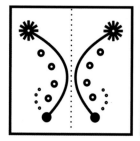
图3-19　左右对称

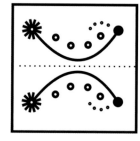
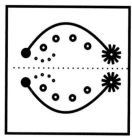
图3-20　上下对称

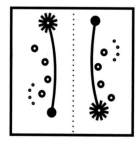
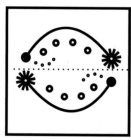
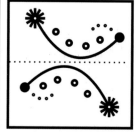
图3-21　转换对称

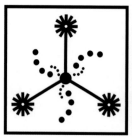
向外发射对称

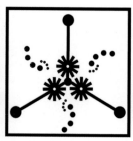
向内发射对称

旋转对称

图3-22　中心对称

均衡：通过形象、色彩等各元素的配置达到相对平衡的视觉效果。均衡显得灵活自由，动感强，但过之不免零乱松散。均衡的形式有异形量同、异形量异、同形量异（如图3-23）。

图3-23　均衡效果形式图

对称与均衡靠重心来达到视觉平衡的目的，各种形式的不同产生丰富的变化，运用起来有趣生动而不失稳重之感，在服饰图案设计中更是不可或缺的元素运用原则（如图3-24、图3-25）。

图3-24　对称与均衡　　　　　　图3-25　服饰设计中的对称与均衡

二、对比与调和

对比与调和是变化与统一原理的具体体现，在图案设计中起关键作用。

对比：各要素的差异比照关系。在对比中各元素产生各自差异，凸显特征，从而达到变化的目的。对比包括构成形式对比、色彩色性对比、位置形态对比等（如图3-26）。

图3-26　对比的形式

第三章　服饰图案的基本规律与设计法则　　037

调和：调和是协调各元素相同或相似的关系特征。它所调和的是对比的程度，只有把握好这种度，才能达到整体和谐的形式美（如图3-27、图3-28）。

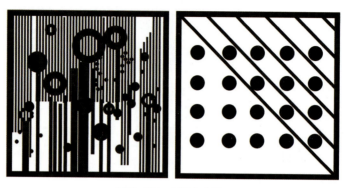

图3-27　对比与调和

图3-28　服饰设计中对比与调和的运用

三、比例与黄金分割

世间万物都存在一定的比例关系，人的五官、肢体，植物的树叶、枝干，动物的手足身尾，建筑的高低错落，器物的形状大小等，无不存在具有美感的比例关系。

比例：事物之间的数量对比关系。这种整体与整体、整体与局部之间所占分量的尺度直接影响人们的视觉感受从而影响物象的美观性。

黄金分割：根据人们的审美习惯，古希腊人发现了最具审美感觉的比例关系，即黄金分割。把长为1的直线段分成两部分，使其中较长一段对于全部的比等于较短一段对于较长一段的比，这样的分割叫黄金分割。黄金分割的运用如图3-29、图3-30。

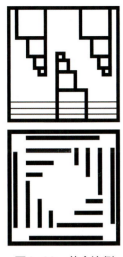  

图3-29　黄金比例　　　　　　图3-30　服饰中主体图案的比例运用

四、节奏与律动

　　节奏与律动是大自然中不可或缺的美丽音符，在诗歌、音乐以及图案设计等艺术形式中运用这种规律同样能产生美感。它们是构成形式美的重要因素。

　　节奏：指构成元素有规律地分节，通过运动变化使人们在视觉及心理上产生一定的秩序感。在音乐中音的长短强弱分节变化产生秩序感，图案中大小、多少、曲直、明暗、虚实等构成因素的变化同样能够使人产生强烈的秩序感。

　　律动：节奏有规律跳动产生的心理感受。这种或悠扬或急促的动感很好地完成了由静到动的完美转化，也丰富了图案的表现语言，产生美感。每一种点的排列组合构成不同的节奏分节，将这些节奏连贯起来就会产生有规律的、变化跳动的律动音符（如图3-31）。

　　服饰图案设计中，节奏与律动的运用能够增强设计语言的丰富感，提升服饰的立体流动性，给人带来美的享受（如图3-32）。

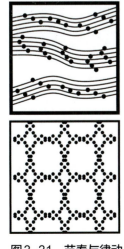 

图3-31　节奏与律动　　　　　图3-32　服饰中节奏与律动的应用

第三章　服饰图案的基本规律与设计法则

五、韵律与重复

韵律：节奏变化的规律化特点。其构成因素的周期变化往往带有逐级变化的特点。韵律把一节节的节奏连接起来变成蜿蜒起伏的线，升华为层层跃进的美的音符。

重复：基本单位在一定的距离空间内连续出现。重复的距离和变化不同，产生的韵律感不同。可分为绝对规律重复、相对规律重复和无规律重复（如图3-33～图3-35）。

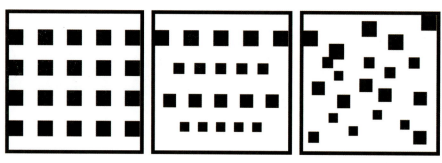

图3-33　重复的形式

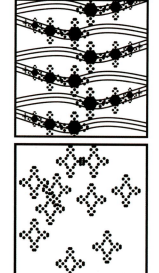

图3-34　韵律与重复

图3-35　服饰中韵律与重复的运用

六、生理错视与心理错觉

物象的形成是由于物体将光线反射到我们的眼睛中，在大脑中产生的形象。在昏暗的光线下或者特殊的色彩对比环境下，人眼可能对物象产生视觉的差异。

错视又称视觉假象，指通过视觉成像规律、几何排列等手法，引起的视觉上的错觉。错视现象一直存在，但19世纪以后人们才把错视作为一门学问来研究，视觉差异主要分为生理错视和心理错视两种现象。我们可以运用错视现象创作更多富有美感和情趣的艺术形象。

1. 生理错视

生理错视是在特殊的形象或色彩对比环境下，人们对于物象产生的视觉差异现象。一些长短、大小、方向、角度、面积一致的几何图形，由于排列组合方式不同造成人眼看到的物象存在视觉差异。如长短错视：谬勒·莱伊尔错视、菲克错视（如图3-36）。面积大小错视：爱宾浩斯错视（如图3-37）。弯曲错视：黑灵错视、冯特错视、邦佐错视、厄任斯坦错视（如图3-38）。方向错视：波根多夫错视、弗雷泽错视（如图3-39）。

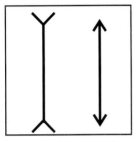
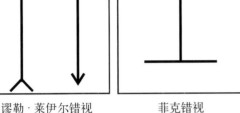
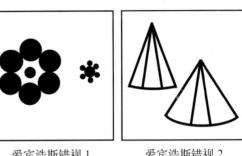

谬勒·莱伊尔错视　　　菲克错视　　　　　爱宾浩斯错视1　　　爱宾浩斯错视2

图3-36　长短错视　　　　　　　　　　　图3-37　面积大小错视

谬勒·莱伊尔错视：左右线段等长，但看起来左边比右边长；菲克错视：横竖线段等长，但看起来竖线比横线长

爱宾浩斯错视：1.左右中间的圆面积相等，但看起来左边比右边的小；
2.上下中间的三角面积相等，但看起来上面比下面的大

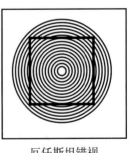

黑灵错视　　　　冯特错视　　　　邦佐错视　　　厄任斯坦错视

图3-38　弯曲错视

黑灵错视：中间平行线呈凸起状；冯特错视：中间平行线呈凹下状；邦佐错视：矩形变为倒梯形；厄任斯坦错视：正方形有内凹感

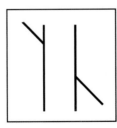

波根多夫错视　　　　弗雷泽错视

图3-39　方向错视

波根多夫错视：一条直线被分割后感觉不在一条直线上；弗雷泽错视：同心圆感觉像螺旋形

人眼对物象及色彩的刺激也会产生适应性及疲劳性，再观察其他物象时就会产生残像、补色等有明显差异的生理错觉，如赫尔曼错视（如图3-40）。

2. 心理错视

心理错视也叫认知错视，人们在观察物象时往往会加入头脑中积累的知觉经验，因而产生心理错视。正是这种心理的联想错视让设计具有更大的发挥空间，如1832年由瑞士结晶学家Louis Albert Necker发表的错视图——纳克方块（如图3-41、图3-42）。

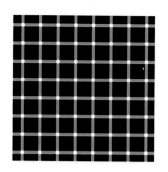

图3-40　赫尔曼错视

赫尔曼错视：形状、位置及颜色的对比造成了聚焦时许多白色格网交点变成黑色

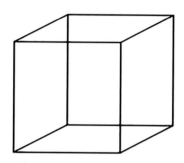

图3-41　纳克方块

纳克方块：正六面体感觉是俯视时左下角的透视效果，其实还有仰视的右上角透视效果

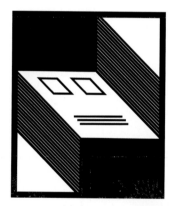

图3-42　图地反转：书的正面与背面

生理错视与心理错视在生活和服饰图案设计中的运用十分广泛，运用好能收到良好的视觉矫正效果（如图3-43～图3-45）。

水平虚线感觉为倾斜实线　感觉没有缺口的几何形

图3-43　生理错视与心理错视

图3-44　错视现象的应用

①②少量的垂直分割显高瘦，③密集垂直分割显胖，④⑤少量水平分割显胖，⑥密集水平分割显高瘦

图 3-45 错视现象在服饰中的应用

实训题

1. 运用变化与统一的基本规律，采用渐变与突变的方法，创作一幅黑白构成作品。作业要求：通过或具象或抽象的符号语言寻找画面空间渐变、突变的节奏，体会整体与局部的动态美感，掌握描绘技巧。尺寸要求：8开纸，直径18cm，黑白作品一幅。
2. 采用解构与聚合的具体方法，创作一幅趣味性较强的解构作品。作业要求：在解构变化的形式规律中理解分割局部与整体的秩序规律，拓展复杂元素秩序化手法。尺寸要求：8开纸，直径18cm，黑白、彩色作品均可。
3. 理解形式美法则的具体内容，采用自由或综合构成方式创作一幅装饰感较强的图案。作业要求：借鉴某一时代、国家、民族中典型的装饰元素，创作文化内涵较强的设计作品。尺寸要求：8开纸，直径20cm，彩色作品一幅。

第四章 服饰图案的表现技法

> 1. 掌握服饰图案的表现形式。
> 2. 了解服饰图案的设计方法并能进行设计。
> 3. 熟悉掌握各种服饰图案的制作与应用。

第一节 服饰图案的表现形式

一、写生与归纳整理

服饰图案的写生，目的在于收集造型素材，积累艺术形象，为图案的创作设计和制作打基础。服饰图案的写生不同于艺术绘画中的写实描绘。服饰图案的写生更注重捕捉客观对象的特征、结构、规律，讲究归纳与整理。例如，在进行花卉图案的写生时，首先应仔细观察、熟悉花卉的基本生长特点，特别是花头、叶瓣、根茎的生长特征，各种花卉都有不同的特点，所以要注意区分。一般用铅笔或钢笔等工具，可用铅笔素描法、钢笔勾线法、钢笔素

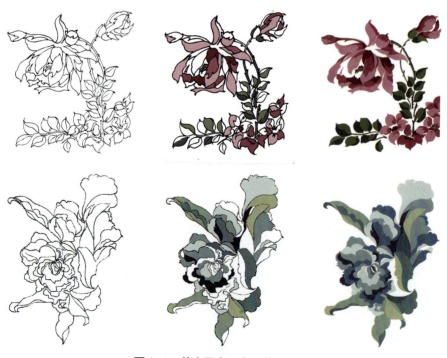

图4-1 花卉图案写生、着色步骤

描法或钢笔淡彩法等来描绘,选择最佳角度把花形用白描的形式勾画下来,再加入不同生长方向的单个花头、叶瓣、根茎,以便塑造整体效果。也可以用彩铅在画稿上轻轻地着色,加强记忆,便于整理时能更好地把握颜色。写生稿的画面一定要生动、准确、干净整洁,切不可过于随意、马虎,否则会失去写生的目的与作用,不利于后期制作的归纳整理(如图4-1、图4-2)。

图4-2 花卉图案的归纳整理

二、表现内容

服饰图案的整理、归纳和变化过程与基础图案的内容相近,主要涉及植物花卉、人物、动物、风景、器具五大类内容。植物变化的图案种类繁多、各具姿态、特点各异。花卉变化的图案写生侧重于花、叶和姿态(如图4-3)。人物的变形写生图案一般采取夸张、概括的手法,捕捉人物的形态和神态,可适当夸大其动态,进行变形(如图4-4)。动物变化图案的塑造重点是体型、比例、动态和神态,其中动态和神态往往紧密相连(如图4-5)。风景变化图案的构图处理及意境的表现是风景图案的关键,风景图案的变化写生,整体块面的处理是风景变形写生的重点(如图4-6)。器具类的图案多见于古代的服饰与民族性的服饰之中,布局严谨、装饰性强(如图4-7)。

图4-3 植物花卉白描写生图案(吴可人作品)

春风飘过(吴可人作品)　狮子龙灯(刘勇作品)

图4-4 人物图案

图4-5 各种动物、植物花卉的图案

教堂（陈小祥作品）

房子与树（俞楠作品）

图4-6 风景图案

图4-7 彝族漆器民族风格的器具服饰图案

三、表现方法

1. 省略法

去掉繁琐的细节，抓住对象的主要部分，使物象更加单纯、完整、典型化，是一种"写实逼真、简便得体"的表现方法（如图4-8）。

图4-8 图案的省略法

2. 夸张法

突出对象的神态、形态，夸张主要的特征，使表现的形象更简练、更典型。此种方法应用广泛，装饰性强（如图4-9）。

3. 添加法

根据设计要求及原型，对原有的造型进行加工、提炼、丰富，使之更加美化，更富装饰性，是一种先减后加的手法（如图4-9）。

图4-9　人体图案的夸张与添加法（杨秋兰作品）

4. 变形法

根据设计的要求，抓住物象的主要特征，作人为的缩小、扩大、伸长、缩短、加粗、减细等多种多样的艺术处理，达到设计的目的（如图4-10）。

图4-10　蝴蝶的变形图案

5. 巧合法

运用巧合法设计的图案匠心独具、构思巧妙。如传统图案中的太极图、三兔图、三鱼图等，利用对象的特征，选用其典型部分，按照图案的规律，恰当地组成一种新的图案形象（如图4-11）。

图4-11　巧合法图案组合

6. 寓意法

寓意法图案多见于传统吉祥图案、民间图案，人们把对生活的美好祝愿寓意于一定的形象之中，祈求平安幸福（如图4-12）。

丹凤朝阳　　　　　麒麟献瑞

图4-12　寓意法图案

7. 求全法

求全法是一种综合表现的、理想化的手法，不受客观自然的局限，设计理念自由奔放、天马行空。把不同空间、不同时间，甚至不相关联的事物组合在一起，形成一种构图完整、色调统一的图案形式（如图4-13）。

收获（吴可人作品）　　　　　史前美洲（里韦拉作品）

图4-13　求全法图案

第二节　服饰图案的设计

图案设计表现的前提是素材的积累。素材源于生活，只有深入自然，通过细致观察、分析和研究，弄清其形体的外部结构、生长规律，并记录自己的内心感受，才能获取创作的第一手素材。图案的设计表现主要分为具象记录、抽象表达、组合解构、平面形态、立体形态等多种手法。

一、具象记录

具象艺术广泛地存在于人类艺术活动中，设计者从自然中选取表现对象，通过写生去认识对象、分析对象、描绘对象，将所观察到的形象运用多种表现手法进行装饰，最终完成富有形式美感的图案形象设计。具象记录的方法有很多,写生是变化的前提,主要有线描法、彩绘法和明暗法这三种表现形式。

(一)线描法

一般是用铅笔、钢笔、毛笔等工具,利用有虚实、粗细、轻重、刚柔等特点的线条来勾勒、描绘所观察对象的外形及结构特征,力求生动、流畅。如图4-14、图4-15中的作品,主要利用线的不同表现形式对风景、动物、人物和花草进行写生变形。

花朵(马晓玲作品)　　　　笑靥(马晓玲作品)

图4-14　花卉与人脸图案

小鹿(马晓玲作品)　　　　房顶(刘迎新作品)

图4-15　动物与建筑图案

(二)彩绘法

用彩铅、水粉、水彩等工具以多种颜色描绘对象,用写实、夸张等手法表现物象的形体、明暗、体积、空间等关系,再现客观对象。如图4-16～图4-18中,六幅作品用不同的色彩表现了对自然物象的刻画。

第四章　服饰图案的表现技法　　049

两只蝴蝶
（李双双作品）

蝴蝶与树枝
（国海滨作品）

大树
（赵卉作品）

紫色的花
（阴乐乐作品）

图4-16　蝴蝶图案　　　　　　　　　　　　图4-17　树与花卉图案

茶杯（郑龙祥作品）

房子（张兵作品）

图4-18　茶杯与房子图案

（三）明暗法

用铅笔、钢笔、毛笔等工具画出物象的明暗、空间、体积、结构等关系。如图4-19～图4-21，这几幅作品用点、线、面等元素来表现物象，在既定的外形中融入自己的想象，使画面生动自然。

人脸与树（刘苗苗作品）

昆虫与树叶（刘苗苗作品）

图4-19　树与树叶变形图案

空间（邵长云作品）

游泳的鱼（邵长云作品）

帽饰（马晓玲作品）

服饰（马晓玲作品）

图4-20　海洋世界图案　　　　　　　图4-21　帽饰与服饰图案

二、抽象表达

在图案的设计表现中，具象记录有许多表现上的优势，但却无法表达某些抽象的意念与感觉。抽象艺术指艺术形象大幅度偏离或完全抛弃自然对象的外观，是对事物非本质因素的舍弃和对本质因素的抽取。

春天（王纪燕作品）

秋天（王纪燕作品）

树的造型（尹玲玲作品）

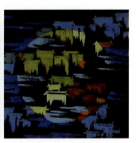
房子的印象（李娜作品）

图4-22　春天与秋天图案　　　　　　　图4-23　树与房子的图案

设计者在进行设计创造时把表达对象有特征的感觉抽象出来，然后用纯粹理性的点、线、面、体来构成抽象的图形，表达一种感觉和意念。由于其意义表达不甚明确，因而不像具象图形那样易于为人们所理解，有时甚至还会产生歧义。如图4-22、图4-23，这四幅作品用晕染、泼色、勾勒等手法渲染了画面气氛。

三、组合解构

组合解构是设计者按照一定规律对自然物象通过重叠、分割、位移、反复、并列等手法进行变化、重新组合，既保留了自然物象的基本样貌，又创造出超乎现实的画面构图，具有很强的装饰效果。如图4-24、图4-25，这几幅画用组合解构的方式构图，视觉冲击力很强。

线面组合　　　　　京剧脸谱　　　　　无题　　　　　对面
（刘翠花作品）　（张琰姣作品）　（马建增作品）　（王勇作品）

图4-24　线面与脸谱图案　　　　　图4-25　抽象组合图案

四、平面形态

图案的平面形态最为常见，多指在平面物体上的装饰纹样。如花布、丝绸、色织布、刺绣、地毯、装潢、书籍装帧等的图案设计，均属平面形态的图案。平面形态的图案富有装饰性、艺术性，侧重于构图、造型、色彩，以及材料、工艺、技术、设计的表现，尤其在现代装饰设计中被广泛应用（如图4-26）。

图4-26　平面形态的色织、印花面料图案

五、立体形态

立体形态的图案多见于装饰材料的立体造型，包括压花、浮雕、植绒、雕塑等多种工艺形式，被应用在服饰图案设计中，大大增强了装饰的质感（如图4-27～图4-29）。

压花图案　　　　　浮雕图案　　　　　植绒图案　　　　　雕塑图案

图4-27　立体形态的图案1　　　　　图4-28　立体形态的图案2

图4-29　各种图案的立体形态塑造与运用

第三节　服饰图案的制作与应用

一、色彩、材质组合形式

图案的色彩、材质组合形式凸显其重要性，如果将不同类型的素材抽象提炼出几何图形，经过变化的图案表现出了特殊的装饰性，不同的色彩、材料选择则更能体现不同的设计效果（如图4-30）。

不同造型的服饰只有搭配个性相符的面料，才能凸显最佳效果。选择不同的材质制作造型、色彩各异的图案，更能体现服饰设计的主题和服饰的装饰效果。对于一些同类型与艺术或设计相关的项目，采用非固定的"同型异质"和"同质异型"设计也是为了使设计作品有系列感，借以增强艺术的感染力（如图4-31～图4-33）。

图4-30　一个固定的造型下进行各种可能的色彩与材质变化，
更加体现和强调了材质变化的重要性和主流性

图4-31 相同的造型,使不同花色图案的组合在随意之中加强了材质与图案的巧妙运用

图4-32 用常见的糖果色印花搭配同样暖色系的涂鸦半裙,增加服饰的设计感与系列感

图4-33 冷色系的设计,上下半身的颜色相近,而相似的图案却有着不同密度的排列组合,错落有致的表现,凸显"同质异型"的设计理念

二、工艺表现与应用

服饰图案的制作工艺讲究传统，但更有它的先进性、时代性。因为不同形式的图案一个最大特点就在于它的技术含量，它必须紧紧围绕材料的特点，通过各种工艺制作并运用到服装上，所以运用了各种新工艺、新技术、新材料的作品令我们目不暇接。

1. 镶嵌法

镶，是贴在表面；嵌，是夹在中间。镶嵌又称屏雕，是一种传统工艺方法，在中国以金玉珠宝作为饰物的历史十分久远。现多见于繁复的装饰图案中镶嵌闪亮的水晶，可营造奢侈的格调（如图4-34）。

图4-34　利用镶嵌法制作的各类服饰图案

2. 编织法

编织服饰中的图案大多是在编织过程中形成的，有的编织技法本身就形成图案花纹。由于编织工艺的多样化，采用疏密对比、经纬交叉、穿插掩压、粗细对比等手法，使之在编织平面上形成具有各种艺术效果的图案（如图4-35）。

图4-35　毛衫的各种编织图案

3. 手绘晕染法

手绘晕染也称"手工渲染",源于中国画的写意手法。渲是在皴擦处略敷水墨或色彩;染是用大面积的湿笔在形象的外围着色或着墨,烘托画面形象。中国丝绸面料有很多的手绘晕染图案纹样,传统的染料都是纯天然的植物、矿物、动物染料(如图4-36)。

图4-36　手绘晕染丝绸面料

4. 绗缝

绗缝是将外层纺织物与内芯以并排直线或装饰图案式缝合、缝编起来的实用性工艺。绗缝增加了服饰图案的美感与实用性,常见于各类家居纺织物,近年来被广泛应用在各类时尚羽绒服的设计中(如图4-37)。

  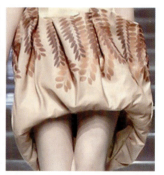

图4-37　波司登羽绒服将植物的剪影通过平面的印花工艺和使之产生立体感的绗缝交叉应用于服装上,体现了浪漫、精致和无限生机

5. 抽纱

抽纱是刺绣的一种,亦称"花边"。相传抽纱起源于意大利、法国和葡萄牙等国,是在中古世纪民间刺绣的基础上发展起来的。抽纱是用亚麻布或棉布等材料,根据图案设计将花纹部分的经线或纬线抽去,加以连缀,然后进行细纱编结,形成透空的装饰花纹。常见于各类家居纺织物和女装设计中(如图4-38)。

6. 中国结

中国结起源于旧石器时代的缝衣打结,从汉朝时用于仪礼记事,演变成今日的一种装饰工艺。一根

图4-38　抽纱图案的运用

数尺见长的彩绳严格按照一定的章法，循环有致、连绵不断地通过绾、结、穿、缠、绕、编、抽等多种工艺技巧进行编结。中国结多用于头饰、耳坠、项链、胸饰、腰饰、手镯等诸如此类的服饰配件设计（如图4-39）。

图4-39　中国结在服饰中的运用

7. 不同肌理面料的组合图案

肌理图案创意的实现是以一定的物质条件和工艺技术为前提的。具有不同肌理的各类面料随处可见，如加皱、拉毛、磨砂、做旧、起球、缉线、浮经、显纬、局部断纬、经纬不均，以及各种材质综合形成的肌理形式，这些面料装饰具有不同于常规的、新颖奇异的审美效果（如图4-40）。

图4-40　不同肌理面料的组合图案

8. 不同服饰加工工艺的图案

我国纺织服装的缝制加工技术历史悠久，不同服饰加工工艺的图案更是丰富多彩。人们在长时间的实践中掌握了许多的制作技术，并且逐步发扬光大，常见的民间服饰图案的种类有：剪纸、蓝印花布、扎蜡染、刺绣、泥玩具、木版画等。

剪纸，又叫刻纸、窗花或剪画，一般使用纸张、金银箔、树皮、树叶、布、皮革等片状材料，题材丰富，包括人物、动物、花草树木、神话传说、吉祥图案等。剪纸是一种镂空艺术，其在视觉上给人以透空的感觉和艺术享受（如图4-41）。

图4-41　剪纸图案在服饰上的应用

蓝印花布的图案多见于动植物和花鸟组合成的吉祥纹样，取材于大众喜闻乐见的民间故事、戏剧人物，采用暗喻、谐音、类比等手法尽情抒发了民间百姓憧憬美好未来的理想和信念，因此在民间的传统习俗中，蓝印花布的应用一直经久不衰（如图4-42）。

扎蜡染是我国一种古老的纺织品染色工艺，图案丰富、色调素雅、风格独特。一般为单色和套色图案，用棉麻布料进行系扎，用蜡封固图案的造型，通过染色达到所需效果的工艺表现形式。扎蜡染多用于制作服饰和各种生活实用品上的图案，显得朴实大方、清新悦目，富有民族特色（如图4-43）。

图4-42　蓝印花布的图案与应用

扎染图案　　　　　　　　　　蜡染图案

扎染服饰　　　　　　　　　　蜡染服饰

图4-43　扎蜡染图案的应用

刺绣是针线在织物上绣制各种装饰图案的总称。是用针将丝线、纱线或其他纤维以一定技法在绣料上穿刺，以缝迹构成花纹图案的装饰手法。刺绣工艺在我国的使用历史悠久，流传广泛，并且大量用于服饰图案制作中（如图4-44）。

泥玩具是历史悠久的工艺品，在民间颇具盛名，又称泥塑。泥塑艺术是我国一种古老常见的民间艺术。它以泥土为原料，手工捏制成形。或素或彩，以人物、动物为主，色彩鲜明，形象生动（如图4-45）。

图4-44　刺绣图案的应用

图4-45　人物与动物泥塑图案

木版画具有用色讲究、色彩浑厚鲜艳、久不褪色、对比强烈、古拙粗犷、饱满紧凑、概括性强等特征。以传统技法构图，画面有主有次，对象明显，情景人物安排巧妙，表现出匀实对称的美感（如图4-46）。

图4-46　各类木版画服饰图案

附图：各类图案、装饰画作品欣赏

仰望（杨珊作品）　　面部（崔文静作品）　　盛开的花（刘杰作品）

盆景（刘春阳作品）　　牛面（蒋威作品）　　鱼（洪向兵作品）

田野（张瑜恩作品）　　舞蹈（刘春阳作品）　　相遇（刘杰作品）

丰收（张瑾瑾作品）　　姊妹（管海平作品）

人体与树叶（陈新作品）

飞鸟（陈小祥作品）

三个人（蒋威作品）

服饰（张瑾瑾作品）

发饰（杨欣蔚作品）

对视（杨欣蔚作品）

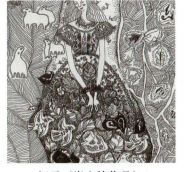
裙子（崔文静作品）

两朵花（谭文静作品）

静物组合（吴映月作品）

人物装饰画（丁绍光作品）

第四章 服饰图案的表现技法

1. 收集中国古代传统图案纹样和民间艺术纹样。
2. 完成植物、动物、人物、风景的写生作业。

要求：（1）植物、动物写生的规格是长宽10cm×8cm，各12幅；
　　　（2）人物、风景写生的规格是长宽15cm×10cm，各12幅。

3. 利用线描法、彩绘法、明暗法进行图案创作，用每种方法各创作10幅。
4. 临摹传统图案2幅（题材不限），规格为20cm×20cm。
5. 依据服饰图案的不同加工工艺，分别进行各类服饰图案的设计。

第五章 数码服饰图案与Adobe Illustrator

学习目标

1. 了解数码服饰图案的基础概念、格式类别及设计表达。
2. 掌握Adobe Illustrator的基本用法。
3. 感知平面绘画软件绘制图案的优势,并通过了解软件绘制作品的步骤来体会电脑绘制图案的神奇效果,提高学习兴趣。

第一节 数码服饰图案基本知识介绍

一、数码服饰图案基础概念

数码服饰图案设计是高新技术与传统艺术相互渗透交融的产物,它是以多媒体计算机这一高科技产品为主要工具,运用新形式、新方法进行美术创作的行为。有了计算机这个辅助工具,在各种图形图像处理软件的辅助下,设计者可以直接在屏幕上作图,也可以将手工绘制好的图案输送到计算机再用计算机对图案做进一步处理、修饰,避免了传统手绘图案(图5-1)繁琐、不精确的弊端。这种通过计算机进行创造、设计、修改,然后运用在服饰上的图案,在本书中统称为数码服饰图案(如图5-2)。

图5-1 手绘图案

图5-2 数码服饰图案

二、数码图案格式类别

数码图案可分为两大类,即矢量图形图案与位图图像图案。目前所有的计算机绘图软件都是基于这两项技术原理。矢量图形是采用数学函数来描述与定义线段以及线段内的填充内容,在矢量图形中,图形元素被称为对象,每个对象都是具有颜色、形状、轮廓、大小和屏幕位置等属性的单独实体。所以，矢量图形也被称为绘图图像或面向对象的图像。解读这种以数学函数定义的矢量图形，必须用相适应的软件来打开（本书以Adobe公司开发的Illustrator软件为矢量图形图案的操作平台）。

（一）矢量图形图案

矢量图形的最大特点是在对图形进行放大、缩小或改变颜色等编辑操作过程中，都能维持图形原有的清晰度，不会遗漏细节。也就是说，矢量图形不受分辨率影响，随意放大或缩小，图形依旧精确、美观（如图5-3）。影响矢量图形文件大小的主要因素是图形的复杂度，与尺寸大小没有关系。这一点对某些设计作品，如标志设计、三维建模等非常重要，因为这一类设计作品需要精确、清晰的图形或线条，以便根据需要在不同输出设备上确定图像的尺寸大小。矢量图形的主要缺点是人工痕迹太浓，较难达到非常真实、美观的效果。

图5-3　矢量图形

（二）位图图像图案

位图图像又称点阵图图像，相对矢量图形来讲原理比较简单。它采用普通数据记录方式，将画面分割为一个个像素单位，每个像素都是正方形的小方块，都具有特定的位置和颜色值。对位图图像进行编辑时，修改的是单个或多个像素，而不是整个对象或形状。由于位图图像中的每一个像素都是单独染色的，所以可以通过选择位图区域中的像素组进行着色，加深阴影或加重、减淡颜色等，使位图产生逼真的视觉效果。

位图图像的清晰度与分辨率有关。所谓图像的分辨率是指图像中像素的间距，它以每英寸的像素数目（ppi）或每英寸的点数（dpi）来计量。分辨率越高，表示该位图包含的像素数目越多，其清晰度也就越高。位图图像的主要缺点是图像只含有固定数量的像素，因此在放大或缩小图像时会降低图像效果，特别是在放大分辨率本来就不高的图像时，细节部分会出现锯齿或颗粒效果（如图5-4）。

图5-4　位图图像

三、数码服饰图案设计表达

（一）数码服饰图案设计单品表达

如果设计的是一件衣服，那么图案在衣服上的装饰部位要恰当、图案的特征工艺要与服装面料符合、图案在衣服上的色彩要协调等，是单品设计中的基本要求（如图5-5）。

图5-5　单品数码服饰图案

（二）数码服饰图案设计整体表达

在进行图案系列设计时，要着重考虑装饰对象的变化。作品结构完整、风格稳定而含蓄、作品之间可搭配性强、具有实用性是系列设计的主旨。因此，在设计系列产品时，要充分考虑系列产品的装饰节奏，既要考虑单一产品的装饰，又要考虑到整体装饰的量感（如图5-6）。

图5-6　数码服饰图案的整体设计

第二节　设计数码服饰图案的电脑软件简介

一、Adobe Illustrator简介

　　Adobe公司是全球最著名的图形、图像软件公司之一。Adobe Illustrator是应用于出版、多媒体和在线图像等领域的工业标准矢量图绘制软件。该软件的强大功能使得相当一部分手工劳作可以省略，在图案构成和变形组合方面更是具有出人意料的效果。在设计人员使用的矢量图绘图软件中，Illustrator以其多样化的绘图手法和精确的定位辅助，成为他们进行图案设计的首选（如图5-7）。

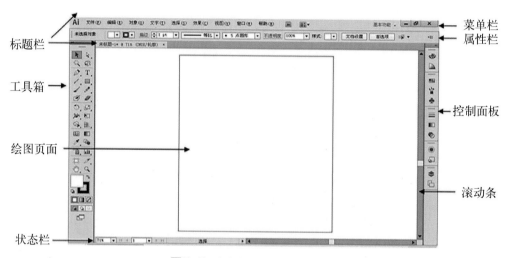

图5-7　Adobe Illustrator界面

① 标题栏：程序名（本图是文件名）。
② 菜单栏：主菜单，内含操作命令。
③ 工具箱：绘图和编辑工具。
④ 属性栏：对应工具箱中的工具。
⑤ 控制面板：设置数值、调节功能。
⑥ 绘图页面：显示页面大小。
⑦ 滚动条：分为水平、垂直滚动条。
⑧ 状态栏：显示比例、工具等信息。

二、Adobe Illustrator工具箱简介

　　Adobe Illustrator的工具箱排列着各种绘画工具，要选择使用这些工具，只要单击工具图标或按下工具组合键即可。凡是右下角有◢形状的都包含子工具，将鼠标放置于右下角的◢上时，可以查看并选择此工具中包含的子工具（如图5-8）。

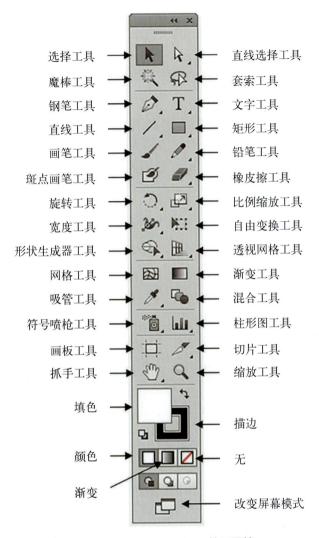

图5-8 Adobe Illustrator的工具箱

第三节 Adobe Illustrator绘制数码服饰图案基础讲解

一、单独纹样绘制

1.启动Adobe Illustrator之后,进入软件操作界面。执行【文件】|【新建】命令,或者按下【Ctrl+N】快捷键,打开【新建文档】对话框,在该对话框中可设置与新文件相关的选项(如图5-9)。接着执行【文件】|【置入】命令,在随即弹出的对话框中找到要置入的文件,单击【置入】(如图5-10)。

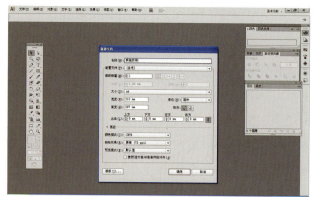

图5-9　新建文档　　　　　　　　图5-10　置入图像

2.单击工具箱中的【选择工具】,选中置入的图片(如图5-11),在控制面板中执行【实时描摹/描摹选项】,在随即弹出的对话框中进行设置。

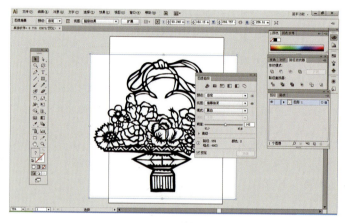

图5-11　图像描摹

3.单击控制面板中的【扩展】命令,将描摹对象转换为路径(如图5-12)。

4.单击工具箱中的【选择工具】,选择图形,再单击【对象】(如图5-13),在弹出的菜单中选择【取消编组】命令(提示:Illustrator在置入位图时会将空白区域自动填充为白色)。

图5-12　扩展图像　　　　　　　　图5-13　取消编组

5.打开【图层】面板,单击面板中创建新图层按钮,新建图层2。单击工具箱中的【矩形工具】,在图层2中绘制一个蓝色的矩形。在【图层】面板中将图层2拖到图层1下面(如图5-14)。

图5-14　绘制蓝色矩形

6.单击工具箱中的【魔棒工具】,选中图形中大面积的白色区域(如图5-15),按下键盘上的【Delete】键,将白色区域删除(如图5-16)。

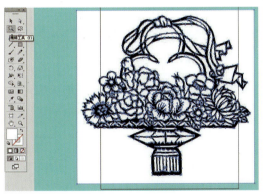 

图5-15　选择白色区域　　　　　　　图5-16　删除白色区域

7.在【图层】面板中将有蓝色矩形的图层2直接拖到垃圾桶的位置,执行【删除所选图层】命令。单击工具箱中的【选择工具】选择图像,填充一种颜色,一幅干净漂亮的单独纹样图案便产生了(如图5-17)。

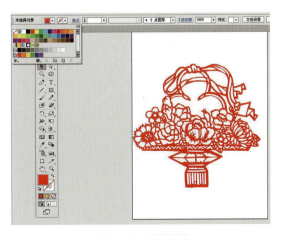

图5-17　填充红色

第五章　数码服饰图案与Adobe Illustrator　069

二、适合纹样绘制

1.启动 Adobe Illustrator 之后,新建一个文档。单击【视图】菜单中的【标尺】命令,显示出标尺。单击工具箱中的【选择工具】,在标尺上把辅助线拖出来(如图5-18)。

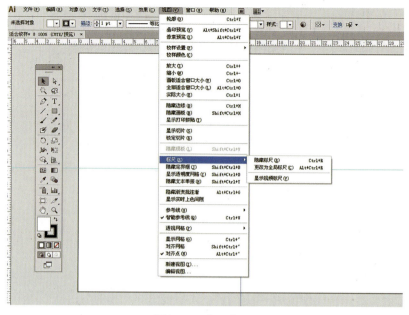

图5-18 打开标尺

2.单击工具箱中的【椭圆工具】,在文档空白处单击,在弹出的对话框中填入数值(如图5-19)。

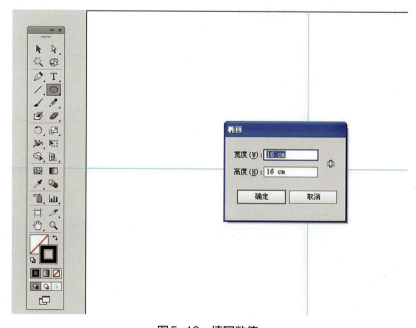

图5-19 填写数值

3. 单击【描边】命令，在下拉菜单中设定数值，全选辅助线和圆形，在【对齐】面板中单击【水平居中对齐】和【垂直居中对齐】命令，使圆形的中心点对齐辅助线的交叉点（如图5-20）。

4. 单独选中圆形，单击【对象】菜单命令中的【路径/轮廓化描边】命令，把圆形性质由路径变为形状（如图5-21）。

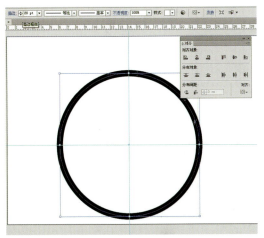

图5-20　对齐交叉点　　　　　　　　图5-21　轮廓化描边

5. 单击工具箱中的【比例缩放】，在弹出的对话框中的【等比】中输入数值。按【复制】命令复制出等比缩放的圆形图形（如图5-22）。

6. 按下快捷键【Ctrl+D】，复制出另一个等比缩放的圆形图形（如图5-23）。

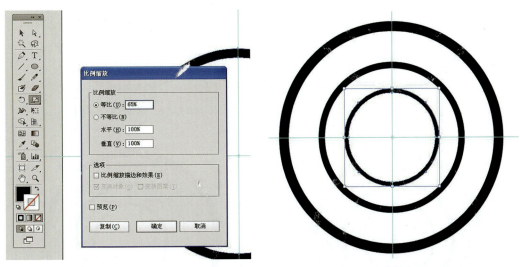

图5-22　比例缩放　　　　　　　　图5-23　复制等比缩放图形

7. 单击工具箱中的【钢笔工具】，绘制一个封闭的形状，在【色板】面板中选择合适的颜色。把封闭的形状调整到合适的大小放到两个圆形中间。单击工具箱中的【旋转工具】，按下键盘上的【Alt】键在辅助线的交叉点上单击，在弹出的对话框中填入数值（如图5-24）。

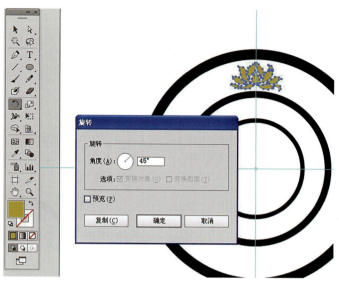

图5-24　设置旋转角度

8.按下【旋转】命令中的复制命令，再多次按下键盘上的【Ctrl+D】键（如图5-25）。

9.同理，逐步做出以下图像（如图5-26～图5-30）。

图5-25　多次复制

图5-26　制作橘红色图形

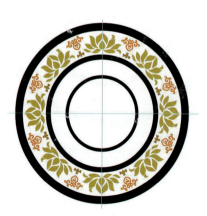

图5-27　制作黄绿色图形

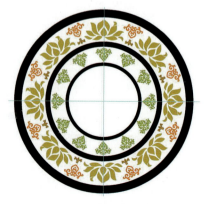

图5-28　制作绿色图形

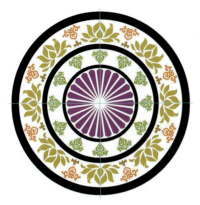

图5-29　制作紫色图形　　　　　图5-30　制作黄色图形

10.单击工具箱中的【选择工具】选中辅助线,按下键盘上的【Delete】键将辅助线删除。将图形全部选中,按下键盘上的【Ctrl+G】键编组,然后取消选择。一幅漂亮的图案就做好了(如图5-31)。

11.选中图案,单击工具箱中的【实时上色工具】可以更改图案的颜色(如图5-32)。

图5-31　编组　　　　　　　　　图5-32　更改图案颜色

三、连续纹样绘制

(一)二方连续纹样绘制

1.启动Adobe Illustrator之后,新建一个文档。单击工具箱中的【钢笔工具】,绘制一个由若干节点组成的首尾相接的封闭图形(如图5-33)。

图5-33　绘制封闭图形

2. 单击工具箱中的【选择工具】,在拖动形状的同时按下【Alt】键进行复制移动,选择复制的图形,单击【自由变换工具】,变换图形大小进行组合,最后用【选择工具】全部选中,按下【Ctrl+G】键编组(如图5-34)。

图5-34 复制图形

3. 用【选择工具】将绘制的图形选中,往【画笔】面板上拖动,在弹出的【新建画笔】对话框中选择"图案画笔",在弹出【图案画笔】选项后单击【确定】(提示:Adobe Illustrator的画笔功能十分强大,其中的图案画笔可以将设定的图案无限制地随着绘制的路径进行自动循环。还可以通过不同的设置将画笔进行疏密、方向、大小等调节)(如图5-35)。

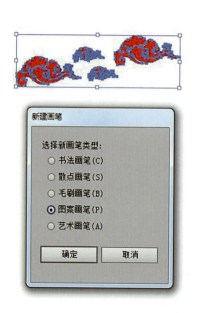 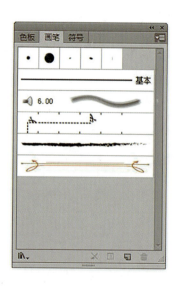

图5-35 定义图案画笔

4. 如果对新建的图案画笔不满意,可以通过双击【画笔】面板中新建的画笔缩略图,在随即弹出的【图案画笔选项】对话框,将画笔进行疏密、方向、大小等的调节,以获得满意的效果(如图5-36)。

5. 使用工具箱中的【钢笔工具】,绘制一条路径,当路径处于选择的状态时,点击【画笔】面板中新建的【图案画笔】,Illustrator将自动随着线条的长度和曲度来排列指定的图案。最后通过【描边】命令来调节图案的大小(如图5-37)。

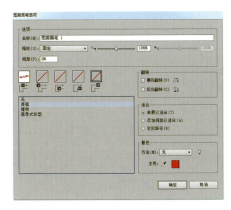

图5-36 修改图案画笔

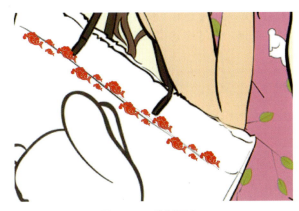

图5-37 绘制图案

（二）四方连续纹样绘制

1.启动Adobe Illustrator之后，新建一个文档。单击工具箱中的【矩形工具】，按下键盘上的【Shift】键，在文档上绘出一个正方形，单击工具箱中的【选择工具】，将正方形选中，在色板命令中选择【由白至黑】的线性渐变，设置正方形的填充色为线性渐变，描边色为无（如图5-38）。

图5-38 设置线性渐变

2.打开【渐变面板】，将【色板】中满意的颜色以鼠标直接拖动的方式更改此渐变的颜色，使用工具箱中的【渐变工具】，按照需要的方向拖出满意的渐变效果（如图5-39）。

3.单击工具箱中的【矩形工具】，创建一个长条形状，设置深灰色为填充色，描边色为无，再打开【透明度】面板将【不透明度】的数值降低（如图5-40）。

图5-39 修改线性渐变

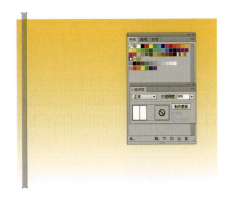

图5-40 绘制矩形1

4. 同理，用【矩形工具】创建一个浅灰色的长条形状（如图5-41）。

5. 同理，用【矩形工具】创建出不同宽度、不同灰度、不同透明度的长条形状（如图5-42）。

图5-41　绘制矩形2

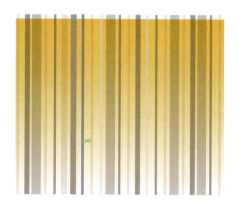

图5-42　绘制不同矩形

6. 用工具箱中的【选择工具】和键盘上的【Shift】键将所有的长条形状选中（如图5-43）。双击工具箱中的【旋转工具】，在弹出的对话框中执行【旋转/复制】命令（如图5-44）。

图5-43　设置旋转角度

图5-44　旋转复制

7. 单击工具箱中的【矩形工具】，绘制一个无填充色和无描边色的矩形。单击鼠标右键，在弹出的快捷菜单中选择【置于底层】命令（如图5-45）。

8. 单击工具箱中的【选择工具】，选择所有图形，用直接拖放的方式放置在【色板】面板中，Illustrator的【色板】面板将记录此图形（如图5-46）。

9. 单击工具箱中的【矩形工具】绘制矩形，在【色板】面板中单击刚创建的图案缩略图，刚刚创建的四方连续图案便自动填充

图5-45　置于底层

到矩形中（如图5-47）。

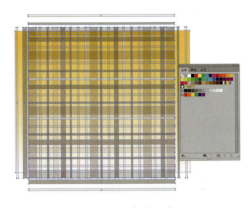

图5-46　定义图案

图5-47　应用图案

第四节　Adobe Illustrator绘制数码服饰图案案例

一、图案填充

Illustrator附带提供了很多图案，可以在【色板】面板中访问这些图案。

可以自定现有图案以及使用任何Illustrator工具从头开始设计图案。用于填充对象的图案（填充图案）与通过【画笔】面板应用于路径的图案（画笔图案）在设计和拼贴上有所不同。要想达到最佳结果，填充图案应用来填充对象，画笔图案则用来绘制对象轮廓（如图5-48）。

图5-48　图案填充

二、创建图案色板

1.创建图案图稿（如图5-49）。

2.在要用作图案的图稿周围绘制一个图案定界框（未填充的矩形，即矩形的填色和描边设置为"无"）。

3.选择矩形，单击【对象/排列/置于底层】，使该矩形成为最后面的对象（如图5-50）。

图5-49　创建图案图稿　　　　　　　　　　图5-50　更改矩形位置

4.删除定界框以外的所有对象。

5.使用【选择】工具来选择组成图案拼贴的图稿和定界框（如果有的话）。

6.执行下列操作之一。

①选择【编辑】→【定义图案】，在【新建色板】对话框中输入一个名称，然后单击【确定】。该图案将显示在【色板】面板中。

②将图稿拖到【色板】面板上（如图5-51）。

图5-51　定义图案

填充在不同对象上的效果如图5-52。

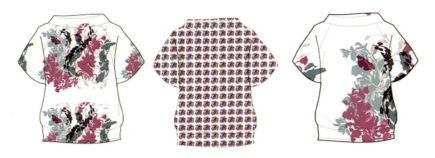

图5-52　填充图案

案例一：利用色板图案填充操作

1.完成款式图绘制后，打开【色板】面板（如图5-53）。

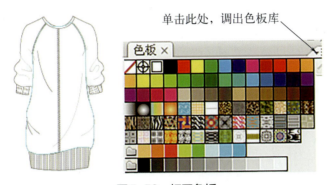

图5-53　打开色板

2.打开【色板库/图案/装饰/花饰】，弹出面板（如图5-54），挑选任一图案，填充（如图5-55）。

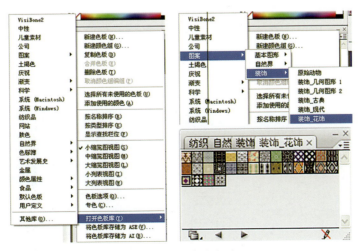

图5-54　打开色板库

图5-55 填充图案

3.选中两个袖子（配合Shift），然后单击吸管工具，在衣身上再次单击，衣身上的图案被复制到袖子上（如图5-56）。

图5-56 用吸管复制图案

4.单击菜单【对象/变换/旋转】命令，对袖子上的图案进行旋转（如图5-57）。

图5-57 旋转图案

5.分别选中领口、袖口和下摆,按住【Ctrl+C】键进行复制,然后单击【编辑/贴在后面】命令(如图5-58)。

6.单色填充(如图5-59)。

图5-58　粘贴在后面

图5-59　填充单色

7.选中单色填充部分,不透明设置(如图5-60)。

8.完成图(如图5-61)。

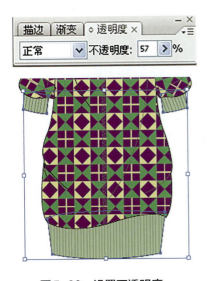

图5-60　设置不透明度

图5-61　完成效果

--------- **案例二:利用"裁剪"路径按钮,进行面料图案填充服装操作** ---------

1.打开绘制好的服装款式图(如图5-62)。

衣身部分应该是闭合图形(要单独填充面料的部分外轮廓是封闭区域)(如图5-63)。

第五章　数码服饰图案与Adobe Illustrator　081

图5-62　服装款式图　　　　　　　图5-63　闭合图形

2.打开一幅面料图案，选中后按【Ctrl+C】键复制对象，回到款式图的页面中，按【Ctrl+V】键将面料粘贴过来（如图5-64）。

图5-64　打开面料图案

3.按住键盘上的向下方向键，将衣身轮廓下移，然后编组其他的部分（如图5-65）。

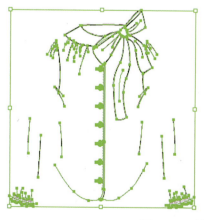
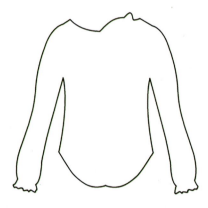

图5-65　编组款式素材

4.选中衣身轮廓，按住向上方向键，移回至原来的位置（如图5-66）。
5.按住【Ctrl+C】键复制对象，单击【编辑/贴在后面】（如图5-67）。

图5-66 调整衣身轮廓位置

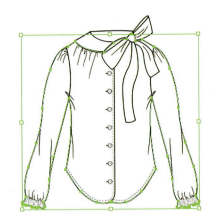
图5-67 粘贴在后面

6.将面料图案移至服装的后面,用选择工具选中衣身和面料图片,单击【路径查找器】(Ctrl+Shift+F9)中的【裁剪按钮】 （如图5-68）。

7.完成效果（如图5-69）。

图5-68 裁剪面料图案

图5-69 效果1

按照同样的方法操作（注意裁剪的时候,只能对单个对象与背景面料图片进行操作,多个对象是不能同时进行此步操作的,而且对象必须是封闭的图形）（如图5-70、图5-71）。

图5-70 效果2

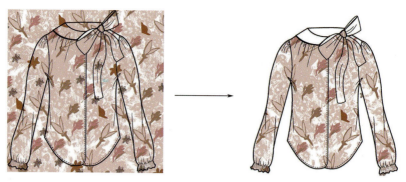

图5-71 效果3

如果要填充领子部分的话,需重复刚才的步骤(如图5-72)。

图5-72 效果4

最后效果(如图5-73)。

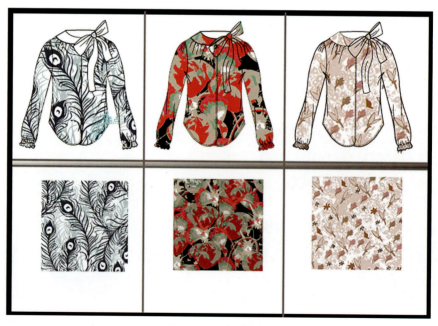

图5-73 最后效果

案例三：创建不规则的图案及应用

1.用【矩形工具】绘制一个定界框，然后绘制图案（如图5-74）。
2.用【选择工具】框选所有对象，并按住Alt键，复制对象（如图5-75）。

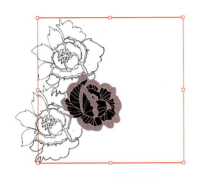

图5-74　绘制图案

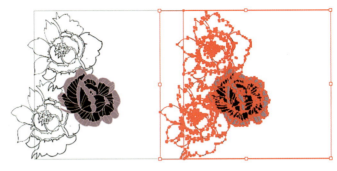

图5-75　复制图案

3.使用【直接选择】工具，选择右边方框（红色框），按住Delete键删除（如图5-76）。

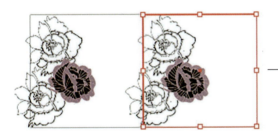 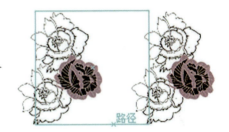

图5-76　调整图案1

4.在上方添加一个对象，按照同样的方法，处理上下部分的图案（如图5-77）。

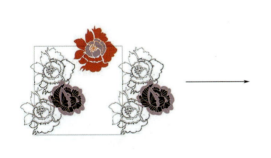 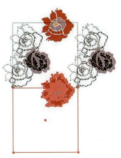 

图5-77　调整图案2

5.在图案中央部分，添加对象，确保图案的丰满，但请注意，中央部分的对象不能触及方形的四边（如图5-78）。

6.选中矩形定界框，单击【对象/排列/置于顶层】快捷键【Ctrl+Shift+右括号】（如图5-79）。

图5-78　调整图案3　　　　　　　　　　　　　图5-79　调整图案4

7.执行【对象/路径/分割下方对象】。逐个选择对象，取消编组后，按Delete键，删除定界框以外的对象（如图5-80）。

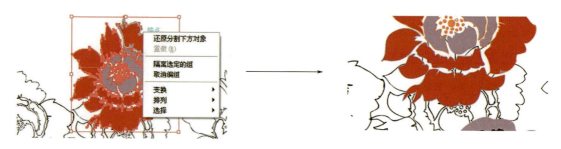

图5-80　调整图案5

8.删除定界框后得到图形（如图5-81）。

9.单击【编辑/定义图案】，弹出对话框，确定后，在色板中出现"印花-1"图案（如图5-82）。

图5-81　调整图案6　　　　　　　　　　　　　图5-82　定义图案

10.创建服装款式图，选中后，进行图案填充（如图5-83）。

11.执行【对象/变换】命令。可以对图案进行缩放、旋转、移动的处理（如图5-84）。

12.最终效果（如图5-85）。

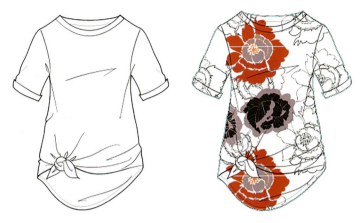

图5-83　应用图案

图5-84　变换图案

图5-85　最终效果

案例四：封套填充服装图案及应用

1.【新建】文件后打开一幅面料图案（如图5-86）。
2.创建服装款式图（如图5-87）。
3.选中裙子外轮廓（蓝色边缘部分）和背景面料（如图5-88）。

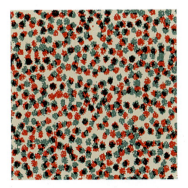

图5-86　打开面料图案

图5-87　创建款式图

图5-88　选中外轮廓和图案

4. 执行【对象/封套扭曲/用顶层对象建立】（如图5-89）。

5. 局部再单色填充调整，完成图（如图5-90）。

图5-89　顶层对象建立

图5-90　完成效果

实训题

1. 以牡丹花为原型，用Adobe Illustrator绘制两幅二方连续图案，要求简洁大方。
2. 以动物为原型，用Adobe Illustrator绘制两幅冷色调的三角形适合纹样。
3. 以几何图形为原型，用Adobe Illustrator绘制两幅四方连续图案。

模块三

服饰图案的
应用与创新

第六章 服饰图案在服装中的应用

学习目标

1. 掌握服饰图案设计的基本原则，能够针对不同的主题要求进行相应的服饰图案设计。
2. 能够进行自然主题的服饰图案设计。
3. 能够进行工业设计主题的服饰图案设计。

第一节 服饰图案设计的基本原则与针对性

一、基本原则

（一）与服装的分类相一致

由于服装的基本形态、品种、用途、制作方法、原材料的不同，各类服装亦表现出不同的风格与特色，千变万化、十分丰富。我们在设计服装过程中，要根据所设计服装的不同种类进行不同图案的选择。

1. 按性别年龄分类

可以分为男装、女装、中性服装、婴儿服装（出生到1岁）、幼儿服装（2～5岁）、学龄儿童装（6～12岁）、少年装（13～17岁）、青年装（18～24岁）、成年装（25岁以上）、中老年装（50岁以上），不同性别、不同年龄阶段的服装要有相适应的服饰图案来搭配（如图6-1）。

图6-1　不同年龄的服饰图案与应用

2. 按用途分类

按服装的用途大致可以分为日常生活装、职业装、运动装、社交礼仪装以及舞台影视服装等，按照服装不同的用途，所采用的服饰图案设计也应该有相应的针对性（如图6-2）。

图6-2　各类用途的服饰图案设计

3. 按民族分类

世界各地都有典型民族特色的服装，如中国的唐装、旗袍，土耳其的传统服饰等，利用不同民族服装的特点来进行设计和应用，会使服饰图案的色彩更加生动、更加贴切（如图6-3、图6-4）。

中国传统服饰旗袍　　　土耳其传统服饰

图6-3　典型民族特色服装　　　　　　　图6-4　传统图案在中式服装中的运用

4. 按设计目的分类

按照服装设计的目的，服饰图案可分为销售型服饰图案、发布会服饰图案、设计比赛服饰图案，以及各种特殊定制类服饰图案。不同的设计目的，决定了服装中所使用图案的不同要求，只有将恰当、合适的图案运用到服装设计中，才能使服装设计的目的性更加明确、更加突出（如图6-5）。

图6-5　设计师让·保罗·戈尔捷秋冬时装周上的东方元素

（二）与服装的风格相一致

服装风格最能体现设计师的设计构思，是服装设计师对自我设计理念的一种强有力的视觉表达，每个设计师都有自己独特的设计风格，常见的设计风格有波普风格、朋克风格、欧普风格、波希米亚风格、街头风格、未来主义、中性风格、田园风格、嬉皮风格等。每一种不同的设计风格都有自己独特的标志和文化理念，在服装中所体现的不同服饰图案正是设计者对自己特有风格的一种表现，通过服饰图案与服装风格的统一，才能得到更好的体现（如图6-6～图6-12）。

图6-6　波普艺术风格的服饰图案运用

图6-7　朋克风格的服饰图案

图6-8　春夏系列欧普艺术的黑白迷幻印花

图6-9　春夏系列的波希米亚风格服饰图案

图6-10 街头魅力随意混搭的HIPHOP风格的服饰与图案

图6-11 春夏中性服饰展示

图6-12 秋冬女装未来时装设计构想

（三）与服装的设计主题相一致

设计主题是指设计的中心思想，是设计的最主要因素，根据每一年或每一季度流行趋势的不同，会有不同的设计主题以及设计概念，而每一个设计者只有从设计主题出发才能把握服装设计的整体性。图案的运用，也是紧扣服装主题必不可少的一个环节，只有图案与服装的设计主题相一致，才能更好地体现服装所表达出来的情感，才能为诠释主题起到画龙点睛的作用（如图6-13、图6-14）。

图6-13　以"蝴蝶"为设计主题的图案运用

图6-14　以"青花瓷"为设计主题的图案运用

二、针对款式的服饰图案设计

服装款式是服装造型、结构、工艺的统称。在某种程度上，服装的内部结构、附加装饰和工艺手段统一体现在服装的外轮廓造型中，也就是服装的款式，所以说图案设计也是服装款式设计必不可少的一个重要环节。

1. 服装造型与图案设计

　　服装的造型最能体现设计师的风格与魅力，一件好的服装作品，首先在外轮廓上引人注目。当然，时代不同，人们对造型的欣赏也有区别，但是无可争辩的是服装造型与服饰图案的紧密结合才使得造型更加突出，只有服饰的图案与造型完美结合才能更加突出服装的主题，才能让整件作品逐渐完整丰满起来。

　　服装的廓形可以分为A形、H形、V形、X形、S形、O形等，但是无论哪一种造型，都有适合它的图案来装饰和丰富，而设计者在运用服饰图案时也要针对不同的服装造型选择合理的、适合的图案进行搭配处理，这样才能更加凸显图案与廓形的统一，达到视觉上的美观。图案在服装中的造型通常在领围、胸围、腰围、臀围、底边的位置（如图6-15）。

图6-15　各种图案与造型的搭配

2. 服装结构与图案设计

　　服装结构是指服装各部位的组合关系，服装的结构设计决定了一件衣服的实用价值。在服装的图案设计中，各种图案的运用也要紧密结合服装的结构，既要使图案发挥应有的作用，又要与服装的结构搭配得当，让结构与图案合二为一、互为依托，形成一种既美观又舒适的效果。服装中需要进行图案设计的结构位置有领窝处、胸腰省、门襟处、公主线、臀省、裤裙侧缝线、袖缝线、衣服底边，等等，根据服装的款式不同，图案的结构位置各异（如图6-16）。

图6-16　各种服装的图案与结构搭配

3. 服装工艺与图案设计

　　服装工艺是指服装造型完成过程中所需的各种手段，很大程度上工艺水平直接决定了服装设计的表达。在如今的商品经济中，工艺水平直接与劳动成本挂钩，服饰图案的应用首先在现有工艺水平能够达到的基础上要更加考虑成本这一要素，服饰图案的应用必须遵循经济原则。不同的服饰图案以及相应的成本要针对不同的消费阶层。在诸多的服装工艺中，实现面料肌理变化的技法很多，有打褶、起皱、折叠、缝制、刺绣、压模、拼贴、镂空、编织等。亦可以挤压变形、填充凸起、镂空现底。线状的材料可以使用绣、粘、钉的方法固定，点状的材料可以使用钉珠、粘贴、电烫、镶嵌、悬挂等方法，也可以使用新材料模仿传统的绣花法、织锦法、绘画法、雕塑法、染缬法进行制作。有的结合材料本身的特点采用独特的方法，总之，要根据服装的具体款式、面料特点和工艺手法来处理不同的服饰图案造型（如图6-17、图6-18）。

图6-17　高级时装中的图案工艺技法运用

图6-18　电脑屏幕印花、蜡染、手工刺绣、不同镶嵌或者贴花等众多工艺打造出新的面料图案设计

三、针对款式的服饰图案系列化设计

服装款式的复杂多变给了图案设计很大的发挥空间,可以针对不同的款式进行图案的系列化设计,图案的系列化设计是服饰图案设计中很重要的组成部分,针对一个图案变换其位置、方式、形状等,可以达到不同的表现效果,以配合不同款式的服装,组成系列化的设计。

(一)并列式

并列式图案设计是针对不同的款式进行统一的均衡的图案再设计,使相同的图案在不同的款式及细节上产生不同的效果。并列式的图案设计在表现中没有主次大小,完全由图案的系列化设计为主,配合不同的款式色彩,达到统一和谐的效果(如图6-19)。

图6-19　呈现明显并列式图案的设计运用

(二)主从式

图案的主从式设计体现在系列的服饰运用上,无论是在表现的面积上还是位置上,都有主次大小之分,突出主体,表现强烈(如图6-20)。

图6-20　主从式图案的设计运用

（三）混合式

图案的混合式设计是服饰图案系列化设计最常用的一种形式，每一系列的服装创作都会运用到混合式设计，在运用这种创作手法时切记不能杂乱无章，要按照合理的排列，进行不同款式间的图案搭配与组合（如图6-21）。

图6-21　混合式图案的设计运用

（四）点、线、面服饰图案的应用

点、线、面是服饰图案最基本的构成要素，它们在服饰图案的设计与运用中是设计师重要的表现语言，服饰图案的丰富多彩来源于点、线、面之间的有机结合。

1. 点形图案的使用

点通常是指小的东西，从视觉形象上来讲，点是视觉的中心。点的表现形式也是多种多样的，单纯的点、小面积的几何图案、碎花图案等都可以构成点形图案。在对点形图案的运用中，要遵循形式美的法则，图案的排列、组合要有主次疏密之分。点的造型图案也经常运用在肩部、胸部、腰部、臀部、肘部等，这些部位的图案效果更容易强调服装和穿着者的个性特点，具有醒目、集中的作用（如图6-22）。

图6-22　点形图案在服装中的运用

2. 线形图案的使用

服饰图案中的线形图案是丰富多彩的，线在视觉上起到分割空间、平衡各个图案面积的作用。线的种类丰富多变，有直线、曲线、不规则线等，直线又分为水平线、垂直线和斜线，曲线分为几何曲线和自由曲线，线的丰富变化形成了变幻莫测的空间氛围，不仅起到很强的装饰效果，而且在结构上使服装更加和谐统一。线形图案也经常装饰在服装的领部、襟边、袖口、口袋边、下摆等地方（如图6-23）。

图6-23　线形图案在服装中的运用

3. 面形图案的运用

点构成线，线的转动构成面，面大体分为曲面和平面两种形式，在其基本形式上又衍生出正方形、长方形、三角形、圆形、不规则形等多种面的形式。不同形态的面具备不同的特性，同样，在图案的运用上，大面积的图案使用在服装上形成各种不同形态的图案效果。由于面形图案的变化与人体形态和服装结构紧密结合，所以在排列组织上有大小、疏密的穿插变化。在设计服装时，可以充分利用图案所形成的视错、特异等效果，突出人体或服装造型的起伏、凹凸等感觉，着意体现一种夸张、强调的意味（如图6-24）。

图6-24　面形图案的运用

4. 点线面图案的综合运用

点线面在服饰图案中往往并不是以单一形式出现的，点线面的综合运用所呈现出来的整体效果要远远强于个体的使用，所以做好点线面的综合使用可以极大地丰富服装的设计。可以综合点线面图案各自的特点，使点线面形成丰富、变化的视觉效果，如在面造型与线造型相结合的服装装饰图案中，通常在满花的服装中加上线状的花边，使得服装既规整又具有装饰内容（如图6-25）。

图6-25　点线面图案在服装中的运用

四、图案装饰的部位

服饰图案对服装的装饰作用是极其重要的,是整个服装的闪光点。服装的款式变化极其丰富,服饰图案的运用为服装款式增添更多的美感,但是图案的运用一定要与服装款式相协调,不然会产生杂乱无章的感觉,这就要求我们在选择图案时要考虑到图案所装饰的部位。不同的部位,图案的选择以及运用也是不尽相同的。

(一)领部装饰图案

领子位于服装的最上部,在人的视觉中具有优选性。同时,领子离人的脸部最近,对于人的面部有很强的装饰性,因此,领部的图案装饰可采取不同颜色或质地的面料进行组合拼接,或者是选用不同质地的装饰材料通过一定的工艺手法实现符合主题设计的形式表达(如图6-26)。

图6-26　领部装饰图案运用

(二)胸部装饰图案

在服装的设计过程中,胸部是图案运用最频繁的一个部位,由于它所处的位置,使其成为服装的视觉中心。无论是男装或女装,胸部的装饰图案都具有强烈的直观性和彰显性,易形成独特的服饰个性特点。很多服装借助胸部的结构变化,配以特征鲜明的图案,与整个服饰系列相得益彰,浑然一体(如图6-27)。

图6-27　胸部装饰图案的运用

(三)肩部装饰图案

肩部作为人体视觉的前沿,一直是服装设计的重点,尤其是立体感很强的肩部造型,给肩部装饰带来了新的突破。人们打破以往的惯性思维，把设计点集结在立体感很强的肩部，用各种富有立体感的装饰性图案塑造肩部，使新女性形象更加自信、更加美观（如图6-28）。

图6-28　各种肩部装饰图案的运用

（四）背部装饰图案

服装的背部经过服饰图案的装点也可以变得丰富多彩，增添观赏性。同时，背部的装饰图案也是对服装整体美观性的一个提高，引起人们对服装整体感的认知和注意。服装背部的最大特点是宽阔、平坦，受各种制约较少，图案表现较为自由，很适宜于设计装饰图案。背部装饰图案既可与服装正面谐调呼应，使得整个服饰风格一致，也可不尽相同、自成一格，衬托正面的图案造型（如图6-29）。

图6-29　背部装饰图案的运用

（五）腰部装饰图案

腰部作为人体的视觉中心，其图案装饰效果的重要性是显而易见的，尤其是女性服装，腰部图案的装饰要根据不同的腰部轮廓来进行表现。腰部从宽松到束紧的变化以及腰线的高低，都是对图案运用的一种考验，腰部图案最具"界定"的功能，其位置高低决定了着装者上下身在视觉上的长短比例。腰部图案装饰恰当既可使着装者具有英武、阳刚之气，也可衬托女性的婀娜体态（如图6-30）。

图6-30　腰部装饰图案的运用

（六）满花装饰图案

对于服饰图案的运用，有时考虑到整体的和谐及美感，常常运用满花装饰的手段，不仅极大地从视觉效果上增强美感，而且对于服装的整体性是很好的一种展示。满花装饰图案的服饰多出现在轻盈、飘逸的女士春夏装上，但传统的印花面料也多见满花装饰图案（如图6-31）。

图6-31　满花装饰图案的运用

（七）衣边装饰图案

衣边装饰作为一种重要的装饰手段，从细节上给服装增添了更多趣味性的元素。衣边装饰图案多见于二方连续或四方连续图案的造型形式，有的是直接在衣边钉上需要的花边，有的是在衣边处通过钉珠、刺绣、镂空、抽纱等工艺手法来表现各种图案造型（如图6-32）。

图6-32　各种衣边装饰图案

第二节　自然主题的服饰图案设计

自然主题的设计是人类永恒追求的审美情趣之一，无论是在传统的历史文化中，还是在历代的诗词描述中，中国自古以来就有对大自然的赞美和热爱。各类花卉、动物、天空、海洋等元素都是人们创作灵感的源泉。从古至今，人们将吉祥如意的美好寓意寄托在大自然的具象物体中，对于各类场景和不同形式的表现，不论是代表着鲜艳喜庆的花卉图案或者是代表着地位荣华的瑞兽图案，都在服饰中表达出人们对美好生活的向往和热爱，更重要的是表达了人们的一种精神寄托（如图6-33）。

图6-33　传统的自然主题吉祥图案形式

另外，人们对于吉祥图案的热情从来没有减弱过，古代的祥瑞图案也成为现代服饰图案设计的灵感来源，对于这些图案的合理利用更成为继承传统文化的方式。龙的传说和龙文化是中华民族最具代表性的文化象征之一。龙纹是青铜器纹饰之一，充满智慧的先祖们无论是在古建筑、青铜、陶器、玉器、家具、服饰还是绘画等古器物上都有大量龙的图腾形象呈现。随着中华民族伟大复兴,龙的图腾形象被越来越多地运用在现代服饰的设计中(如图6-34)。

图6-34　传统图案在现代服装设计中的运用

一、植物与花卉主题

在中国的传统服饰文化中,植物花卉图案代表吉祥如意,物丰人和,在历朝历代服饰中可见。如今,在服装领域,花卉图案的运用越来越宽泛,花卉服饰图案备受青睐,无论是春夏秋冬,每一个季节都能见到有花卉图案的服饰。随着现代纺织、印染技术的迅速发展,服饰图案中的花卉图案已经成为流行的主体,像提花、有晕染效果的花卉图案,或对称,或呼应,或夸张,或搭配均衡,彰显了形式美的统一与和谐。

通过色织提花、套色交织、平纹印花技术,大量的植物与花卉图案被广泛运用在各类服饰面料中。在花型设计方面,打破了传统的花卉图案设计手法,粗细的线条交叉表现花卉的婀娜,深浅的层次变化表现花卉的立体形式。在飘逸的雪纺、光亮的丝绸、轻薄的纱或化纤织物上,运用印染技法激活了花的灵气;抽象花卉图案的创新,摆脱了时代的束缚,在现代技术的辅助下,尽显前卫的风采。另外,数码技术与印染的结合,使得轻盈的花卉图案若隐若现,诗意盎然。织绣、钉珠、金银丝线的混合使用,更使图案变得富丽堂皇(如图6-35)。

图6-35　植物与花卉图案的运用

二、人物、动物主题

动物图案在我国历朝历代服饰中早已运用，使用的目的具有重要的隐喻作用，或威严，或吉祥，但更重要的是一种身份和地位的象征。例如，古代帝王的龙袍以及各级官员的袍服上绣的各种瑞兽图案，都有严格的等级制度。如果说中国传统图案是讲求寓意，而在现代服饰设计中可以弱化其寓意，运用造型、色彩等技法，追求其形式美，服饰上的图案纹样已不再是权力的象征，而是中华民族精神、民族文化的体现与升华，要合理地运用这些元素，继承和延续中华民族传统文化的灵魂（如图6-36）。

图6-36　龙纹图案在帝王服饰中的运用

现代社会生活的多样化导致服饰观念的丰富多样。近几年，随着国内外波普艺术风格的兴起，艺术家们将广告、商标、歌星、影星等大众熟悉的图像，通过解构、拼贴、重复的手法进行艺术创作，既起到装饰的作用，同时也让服饰图案上的人物头像成为合理的艺术表现形式。从服饰的流行意义上来讲，图像的使用，又迎合了人们复古的思绪与情怀（如图6-37）。

图6-37　动物图案的装饰运用

三、建筑、绘画及其他主题

近些年来，随着服装设计的发展，越来越多的艺术表现形式在服装上得以表现出来，尤其是以建筑和绘画为代表的艺术元素成为新一类服饰图案的来源。设计师将各种风格的绘画作品以及建筑作品运用到服装中，使服装成为载体，在人体上展现各类艺术风格。另外，像汉字书法、英文字母、瓷器纹样等也为设计师提供灵感（如图6-38～图6-41）。

图6-38　建筑风格的服饰图案

图6-39　绘画风格的服饰图案

图6-40　汉字书法与英文字母图案

图6-41　瓷器纹样与鱼鳞状图案的服饰风格

第三节　工业设计主题的服饰图案设计

　　工业设计是现代社会发展的产物，以工学、美学、经济学为基础对工业产品进行设计，起源于德国的包豪斯设计学院。伴随着历史的发展，传统工业设计的内涵受到了现代工业社会的影响，工业化生产又给现代工业设计的概念注入新的生命。随着现代工业设计概念的逐渐推广，工业设计主题的服饰图案是近些年新兴起的图案系列，主要以工业化以及现代化为设计主题，体现设计的特殊性，表达对工业进程的回顾和反省，更多的是对于现代社会倡导和呼吁环保、生态保护的理性思考与认知。

一、现代社会的产物

　　自从工业革命以来，服装市场的需求越来越大。现代化进程的不断加快，也相继产生了很多新生事物，反映在服饰图案中就以工业化的装饰图案为代表，展现了新生事物强大的生命力和感染力。很多的纺织品、服饰图案在运用高科技数码技术辅助设计下，如电脑分色、电脑测配色、纺织品图案设计系统、数字喷射印刷、转移印刷等，在造型上、色彩上、表现技法上都使图案的设计更加精细、更加清晰。设计者可以根据设计需要，轻松地表现各类图案的肌理效果、重叠层次、结构变化，数码技术辅助设计完全代替了原始的手工绘制，使纺织品、服饰图案的设计更加丰富多彩。更有一些别出心裁的设计师使用奇特的材料与面料，获得独特的图案与装饰效果（如图6-42）。

图6-42 具有现代感的时尚喷绘图案

二、发展与应用

工业化主题图案的发展应用与系列化的服饰设计相辅相成。所谓的图案系列化也是针对服饰主题的系列化而言，服饰图案风格一致、外观接近，属于一定联系的归类设计，使图案的实用性更强、更加新颖、更加体现时代感。以某一元素为基型，可以通过图案的造型、结构组成系列，也可以通过造型、色彩组成系列，或者是通过作品题材、装饰风格和肌理效果组成系列，但必须要保持系列图案的主干结构和主体图案的明确性，从而提高人们的接受度，使这个主题的设计更加亲切、更加多样化，否则会形成重复（如图6-43、图6-44）。

图6-43 服饰图案的设计灵感来自非洲的印花图案，使服装呈现一股复古风

图6-44　太空服激发了设计师们的灵感，很多太空服风格的服饰造型及图案应运而生

　　服饰的商业化是现代社会的消费潮流，任何形式的主题、任何形式的图案设计，只有应用在服装设计中，得以推广，使其市场化，才能挖掘深层次的经济价值，最终使品牌的发展保持持久性，并形成良性循环。

1. 掌握并熟知服饰图案设计的基本原则。
2. 针对不同的服饰造型、结构、工艺特点进行相应的服饰图案设计。
3. 运用并列式、主从式、混合式的形式进行服饰图案的系列设计。
4. 进行点、线、面服饰图案的应用设计。
5. 依据图案装饰的部位，分别对服饰的领部、胸部、肩部、背部、腰部、衣边等部位进行相应的图案设计。
6. 以植物与花卉、人物、动物、建筑、绘画等为主题进行相应的服饰图案设计。
7. 上网收集国产品牌的工业主题服饰图案设计。

第七章 服饰图案的创新

学习目标

1. 借鉴传统与民俗文化寻找服饰图案的设计灵感。
2. 通过不同的图案设计表现进行服饰图案的设计和制作。

第一节 寻找设计灵感

灵感，也叫灵感思维，是指在创作过程中瞬间产生的富有创造性的思维。

灵感的产生离不开想象，想象要有感性形象作为基础，而感性形象来源于对生活的观察和体验。所以说，灵感源于生活，反映生活。深厚的生活积累、较强的艺术内涵修养、特定的环境影响，及丰富的社会实践都是导致灵感爆发的因素。

设计灵感的到来，得之于顷刻，积之于平日。灵感的捕捉，具有突发性而非偶然性，是苦思冥想后出现的顿悟。设计师要善于从自然中发现美，从生活中感受美。生活中的每一次感动，每一次恍然惊醒，每一次心灵的颤动，都是灵感最直接的来源，我们应该迅速捕捉下来，记录下来，再进一步补充、完善，设计出独具一格的服装。

灵感是设计审美表达的灵魂和精神所在，是艺术创作的最高境界。服装设计师对文化、艺术等多方面知识的了解是非常必要的，并且要汲取传统文化、民族文化、古代文明、现代时尚等多方面文化因素的精髓并融入自己的设计中。

一、传统与民俗文化

传统文化，是一个国家或民族世代相传的思想文化和观念形态，是反映本国本民族特质和风貌的民族文化。我国的传统文化历史悠久、博大精深。中华传统文化包括：诗、词、曲、赋、茶、陶、乐器、兵器、音乐、曲艺、国画、书法、对联、灯谜、酒令、成语等，内容涉及生活的各个方面。

我国传统纹样题材涉猎广泛，通常有人物、花卉、飞禽、走兽、器物、字体等形象，以语言、民间谚语、神话故事为题材，用借喻、比拟、双关、象征等表现手法创造，表达自己的设计理念。中国传统纹样如龙纹、凤纹、卷草纹（如图7-1）等丰富多彩的传统题材不断地被设计师运用，一些时尚大牌设计师也纷纷将东方元素融入其设计产品。如今，东方已经不再是神秘的代名词，东方风格的服装成为时装流行舞台的主流风格，越来越受到世界的关注和青睐（如图7-2）。

我们对传统文化的吸取不能仅停留在对表面资料的把握，还要通过自己的理性思维进行分析，发现其所蕴含的艺术哲理、文化内涵，进而挖掘深层次的审美意蕴，将自己独特的见解和个性结合在一起设计出适宜的作品。如2008年北京奥运会颁奖礼服（如图7-3），设计师把中国元素运用得恰到好处，用青花瓷图案、江山海牙纹、牡丹花纹、宝相花图案等中国

图7-1 中国传统图案纹样

图7-2 东方风格服装品牌春季发布

图7-3 2008年北京奥运会颁奖礼服

传统纹样表达出中国式"重意不重形"的人文审美特征，很好地展示了中国传统服饰文化中"天人合一、和谐共存"的东方哲学精髓。

民俗文化，指一个国家、民族、地区中由民众所创造、共享、传承的生活风俗习惯，反映本国本民族的民俗风情和文化特质。民俗文化主要包括：民俗工艺文化、民俗装饰文化、民俗饮食文化、民俗节日文化、民俗戏曲文化、民俗歌舞文化、民俗绘画文化、民俗音乐文化、非物质文化遗产等。

我国有56个民族，不同民族有着各自不同的客观因素和社会背景，每个民族在经过了漫长的历史演变和民族融合后都有着不同的文化特色和风格，传统技艺加上本民族广博的文化内涵，这些都成为图案设计的素材来源，非常珍贵。以苗族服饰为例，居住在黔东南的苗族的服装式样风格各异，样式款型有百种之多，仅裙子就有短裙、长裙、百褶裙、筒裙、裤裙、带裙、片裙等造型，上面的图案更是千变万化，不同聚居地的服装又各有差异（如图7-4）。

图7-4　苗族服饰图案

中国传统民俗工艺如刺绣、剪纸、盘扣、蜡染（如图7-5）等技艺也被融入设计中反复运用，成为服饰文化的点睛之笔。设计师们把各种不同文化背景的文化素材融会贯通，追求自然与精神的和谐统一，将自己的感受通过服装真真切切地表达出来。

图7-5　运用刺绣、剪纸、盘扣、蜡染技法设计的时装图案

传统文化和民俗文化都是我们研究服饰图案艺术的灵感素材来源，它既是一种社会意识形态，又是一种历史悠久的文化遗产。

二、具象与抽象图案

具象图案，多以写实、理想化的造型为描绘对象，用归纳手法对自然形态中的具体形象进行直接模仿或借鉴，产生新的艺术形态。

具象服装的图案设计力求最大限度地真实记录和描绘生活中鲜明实在的形象，是设计师对生活中美好事物的情感寄托。以Alexander McQueen秋冬成衣秀为例（如图7-6），设计师以孔雀图案为素材，在设计中用大量精致的刺绣、蕾丝和珠片以及抢眼的头饰，使得整个系列弥漫着大自然的味道，营造出一种华丽的宫廷感气氛，展现了设计师非凡的想象力。

图7-6　Alexander McQueen的孔雀图案设计与运用

抽象图案，用点、线、面、肌理、色彩等形式元素构建形态，单纯地体现纯形式的造型语汇和装饰形态，是许多设计师钟爱的表现手法。抽象艺术是客观现象的间接体现，在二度空间中自由地起伏变化，不受客观因素的制约，创作具有一定的偶然性，是人类理性思维的结晶，抽象的形态可以延伸发展为各种具象形态。

抽象图案设计的基础是从具体的、有形的形象转化成单纯的、抽象的形状，作品形象充满强烈的视觉冲击力，表现出一种节奏感和秩序美，内容多具有特定的象征意义，表达了设计师的思想。BASIC EDITIONS秋冬"楚魂"时装发布会的作品，是该品牌极富个性的超时尚设计风格与中华民族古老文化深厚底蕴巧妙融合的一部巨作，设计师以青铜器上的饕餮纹图案为设计元素，通过演变、延伸及各种抽象的分割，将具象元素抽象化地完美展现（如图7-7）。

饕餮纹图案

图7-7　BASIC EDITIONS的饕餮纹图案的运用

三、流行与时尚元素的图案

流行是一种普遍的社会心理现象，指一定时期，社会上新出现的事物或某些权威性人物倡导的观念、行为方式等被人们接受、采用，进而迅速推广直至消失的一种社会现象。服装设计大师克里斯汀·迪奥认为，流行是按一种愿望展开的，当对其厌倦时就会改变它，厌倦会使人很快抛弃先前曾十分喜爱的东西。

流行表现的是文化与习惯、生活方式与观念意识的传播，是一段时间内群体的喜爱偏好，是一种大众化的表现。世界各大城市时装周发布的服装基本预示了当年及下一年的世界服装流行趋势。如春夏时装周的花卉图案不再抽象，充满了装饰性，抑或复古，抑或田园，使花卉图案在该季度流行（如图7-8）。

图7-8　春夏秀场的各种印花单品

时尚是指在短时间里一些人所崇尚的生活。时尚涉及生活的各个方面，主要通过人的思想观念和服装服饰来展现。时尚是一种态度，是一种文化，是装点我们生活的另一种语言。时尚满足了人类特殊的心理需要，带给人们一种纯粹不凡的感受，体现其不凡的生活品位，精致展露人的个性。

每个人心中都有自己的时尚，一个人的服饰装扮可以体现出她（他）的审美品位。和谐的组合、色彩的搭配、款式的多样性都能反映穿着者内在的品位与修养。让时尚融进平时的生活里，并使其成为自己的一种生活态度和生活方式，就达到了时尚的最高境界。

在这个富于变化的时代，时尚流行元素作为商品的重要组成部分，越来越受到设计师的关注，成为其创作的灵感源泉。设计师必须有敏锐的洞察力，了解社会动态，要有超前的意识提前把握流行趋势。将时尚元素融入设计中，紧密结合流行趋势，充分运用流行色，将设计同社会关注的热点人物、事件紧密结合起来，洞悉国内外最新的制作工艺和技术设备，了解和掌握当前的行情资讯（如图7-9）。

图7-9　春夏系列设计作品

第二节　服饰图案的策划和设计

图案设计需要设计者通过自己的主观想象，对自然形态的物象进行加工，设计出超越现实的、理想的图案。学习和借鉴各种艺术形式是非常必要的，看得多、听得多、记得多、收集的素材多，头脑中的表象越多，想象力就越丰富，就能随时根据设计主题的需要调集出有用的资料，快速地设计出好的作品。

一、造型意向

策划和设计图案，一般的构思顺序：先确定研究课题，也就是造型意向，然后准备需要的原始资料，设计构思草图，从中选择最理想的设计方案，最终完成创作。有创意的思想和美好的意境是设计作品的关键和灵魂（如图7-10）。

图7-10　春夏花型、色彩流行趋势设计

二、造型依据

优秀的服装设计作品是建立在设计师前期对设计所需相关资料的搜集、积累、研究的基础上的，要留意来自各方面的动向，特别是大自然中的万千事物，经常收集多种有意义的信息以便于设计理念的形成。服饰图案往往要结合整个服装的系列主题来寻找素材进行设计，对于服饰的主辅料选择至关重要。

1. 客观物象

大自然中的一花一草、一山一水形态多姿，都能给服装设计师带来灵感启示，启发着设计师的灵感和想象。

2. 社会时尚

流行的文化元素、时尚的行为方式、异域文化的影响和社会关注的聚焦点都可以成为设计灵感的素材来源。

3. 人文事物

传统的民间艺术、多彩的少数民族艺术以及古今中外一切优秀的历史文化遗产，都给我们提供了优秀的设计素材。

4. 人的主观感受

设计并不只是对原有自然物象的再现，而是更多地注重对自然和生活的感受理解，设计的关键在于设计者是否能独具慧眼，把握住感觉并把它表达出来。每个人的感受不同，要表现的主题思想不同，所以会出现不同的表现形式和构图。

生活和大自然为艺术创作提供了取之不尽、用之不竭的素材源泉。服饰图案设计其实就是对现实世界中已有的艺术元素通过设计者个人的想象、联想，然后重新打散加工改造。

2024中国纺织面料流行趋势

主题一：盎然（FRESH&FUNNY）

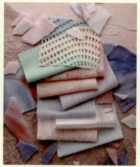

新世代的自由先锋对创意不断探索，鼓励自我身份的认同与无畏的自由表达。面料材质表现以明亮色彩加持趣味外观，图案化纹理组织的透感针织、花卉或几何绣花的蕾丝、粉蜡色调的轻质尼龙……轻盈而浪漫；多彩撞色类图案或将设计元素扭曲放大，或拆分重构，如视错效果的格纹、热带花卉、插画图案等。

主题二：智性（SENSITIV&SENSIBLE）

"新理性主义"逐渐成为人们安稳生活中的风尚，迎合悦己消费下对内在舒适感的追求，将非刻意的精致与松弛化融入日常。基础条纹与格纹增添了适度的休闲家居感；雅致

的锦纶面料用于制作基础日常服装，不仅有飘逸的粉质化色彩与细腻的丝质化外观，还兼具防风、透气、防水等实用功能，面料方面还可考虑再生及生物基尼龙。

主题三：共寻（ORGANIC & DIGITAL）

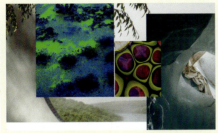

自然万物与人类深度交融，在原始空间与未来都市之间架起一座连接的桥梁，找寻和谐共生的根本之道。大自然里丰富多样的元素给面料的设计与开发提供全方位灵感，迷彩、花卉、生态植物元素以彩绘和抽象化失真效果表现数字化的艺术感视觉。

主题四：隽永（RETRO&ARTISTICAL）

不同人文背景下的设计师从不同时代的经典风格中汲取灵感，展现出故事性极佳的怀旧感与熟悉感，同时将过去与未来相连接。受手绘墙壁的启发，织物呈现颗粒、细腻泡皱、笔触式纹路的外观效果，凉感羊毛、优质棉、亚麻等天然材料具有精致美感；民俗元素的应用多聚焦于工艺化的呈现，如通过印花、提花、刺绣、针刺等表现装饰图案效果。

三、设计阶段

服饰图案不是孤立存在的，服饰图案的设计不仅要充分考虑到市场需求、面料选择、工艺条件，还要充分考虑图案的用途、特性、风格、功能等方面的因素，以服装的类别和功用来选择相应风格的图案设计。要理解图案与服装的关系，掌握服饰图案设计特有的内在规律和形式特征，了解和发掘最新的材料制作及工艺手段，在制作过程中综合考虑材料的选择（如图7-11、图7-12）。

图7-11　女装外套流行预测设计手稿

图7-12　从图案设计到服饰的制作完成

服饰图案的设计要与服装主题相符，一般是通过确定制作意念、素材采集、艺术表现这几个过程来实现，下面以迪奥（Dior）2009年高级定制秀为例。

1. 制作意念

制作意念根据创作目的不同，可分为偶发型设计和目标型设计。偶发型设计是指在设计之前并无明确设计目标，而是受某种事物启发所引起的创作冲动进行创作。目标型设计是指在设计之前已经有明确的制作目标和方向。

设计师约翰·加里安诺把青花瓷上的图案元素运用到高级定制礼服上，这种系列设计属于目标型设计。

2. 素材采集

无论是目标型设计还是偶发型设计，在设计之前都需要采集相关的素材。从搜集到的文字及图案形象中获取直接的、间接的感受，来引发构思的灵感，确定设计草图。

青花瓷给人的感觉是高雅大方、脱俗清韵。加里安诺的这一系列设计，将具有中国特色的青花瓷图案用现代的手法表达出来，使得青花的痕迹，从内到外展现（如图7-13）。

图7-13 青花瓷的图案纹样

3. 艺术表现

服装设计在经过确定主题、素材采集、捕捉灵感、设计草图这几个阶段，确定设计风格和类型后，接下来最重要的是对设计方案的完善和表达，即通过什么样的服装款式、色彩和面料来完成自己的设计构思。

青花瓷的气质决定了对服装面料材质的选择，加里安诺设计的这套青花瓷系列礼服，中西合璧，非常到位。在面料选择上，大部分都选取了雪纺、丝绵等柔和的针织服装面料，用古典而时髦的经典款型把青花瓷的创意结合得如行云流水。在平面和细节处理上用刺绣结合传统纹样，在衣服开领处、胸线、腰间、裙摆处用刺绣手法作点缀，生动立体的青花瓷图案点缀于衣裙之上，充分展现了青花瓷的清新和雅韵（如图7-14）。

图7-14 约翰·加里安诺设计的青花瓷图案服饰

1. 以传统与民俗文化为灵感，进行2个系列的服饰图案设计与应用。
2. 以具象与抽象图案为依据，进行2个系列的服饰图案设计与应用。
3. 以流行与时尚元素的图案为主题，进行2个系列的服饰图案设计与应用。
4. 根据市场流行，确定造型意向，搜寻造型依据，进行4个系列的服饰图案设计与应用。

模块四

中西方服饰图案比较

第八章 中西方历代服饰图案纹样演变

学习目标

1. 系统掌握中国历代服饰图案纹样演变，以便应用于专业设计。
2. 系统掌握西方历代服饰图案纹样演变，以便应用于专业设计。

第一节 中国历代服饰图案纹样演变

中国的服饰文化历史悠久，其民族性与艺术性在世界服饰史上都有无与伦比的历史特点。无论是从考古角度还是对于人类进化的贡献，中华民族的传统服饰文化在人类历史发展的长河中起到了十分重要的作用。传统服饰的造型、色彩、材质、手工艺等各方面的成就是我们极其丰富宝贵的物质文化遗产。不论是传统或者现代的服饰图案，都充分体现国学思想，都具有东方服饰文化的神韵与意境。中国的服饰图案经过上下五千年的演变，丰富多彩，但每个时代的纹样都有其独特的艺术风格与魅力，都各自彰显着时代的审美特性。

一、新石器时代

自1973年于青海省大通县上孙家寨墓地出土舞蹈纹彩陶盆以来，人们就开始了对公元前3000年～公元前2000年的新石器时代马家窑文化的探索研究。舞蹈纹彩陶盆内壁饰有三组人物，手拉手翩翩起舞，这些人物的服饰轮廓剪影呈上紧身下圆球状。1995年青海省同德县巴沟乡团村宗日遗址出土的双人抬物纹彩陶盆内彩主题为四组两人相向而立，四组纹饰之间以横竖条纹填充，人物和横线之间用竖线隔开，下面是平行纹，口沿饰三角纹和斜线条纹，盆外彩绘有平行带纹和单钩纹（如图8-1）。

图8-1 彩陶舞蹈盆、双人抬物彩陶盆

人面鱼纹彩陶盆是新石器时代半坡文化遗物陶器珍品。彩陶盆上画的人面鱼纹，多数带有尖顶高冠，冠缘及左右有装饰物，左右有对称外展并向上弯翘的两枝冠翅，使冠帽呈现庄严感，显现出空间气势。人面的上额和下颌均涂饰纹彩，是当时纹面习俗的反映。下颌从嘴角往外画着两条鱼纹，则是祈望渔猎丰收和人口繁衍的象征（如图8-2）。

图8-2　人面鱼纹彩陶盆

二、夏商周时期

夏商周时期，雷龟纹是主要的服饰图案。领口、袖口、前襟、下摆、裤脚等边缘处及腰带处是主要的装饰部位。此外还有回龟纹、菱形纹、云雷纹，而且是以二方连续构图形式来表现的，中心对称、反复连续的图案组织形式也是夏商周时期服饰图案的特点（如图8-3）。

随着社会生产力的不断发展，纺织技术得以提升。商周时期的丝纺绣染技术已经相当成熟，并出现了提花织物。周代出现了华美的暗花绸和多彩的刺绣品，还有带有十二章纹的冕服。

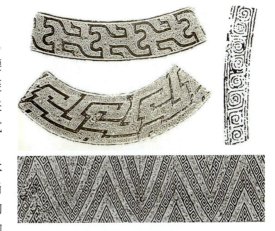

图8-3　二方连续的雷龟纹

据《虞书·益稷》记载，十二章纹的次序为日、月、星辰、龙、山、华虫、火、宗彝、藻、粉米、黼、黻。十二章的每一个纹样都有它的含义和象征意义，这些纹样反映了当时人们的图腾崇拜心理，是人们审美意识的表现。十二章纹是寓意纹，是人们仰视俯察天地间万物之象择之而用于服饰上的图案。

日、月、星辰——取其照临之意；

山——取其稳重之意；

龙——取其应变之意；

华虫，是一种雉鸟——取其文丽之意；

宗彝，即一种祭祀礼器——取其忠孝之意；

藻，亦即水草——取其洁净之意；

火——取其光明之意；

粉米，又叫白米——取其滋养之意；

黼，绘制为斧的形状——取其决断之意；

黻，常作亚形，或两兽相背形——取其明辨之意。

袆衣是周代王后祭先王的祭服。周礼中袆衣为玄色，彩绘翚文（彩绢刻成雉鸡之形，加以彩绘的纹饰）的纹样鲜明，色彩明快（如图8-4）。

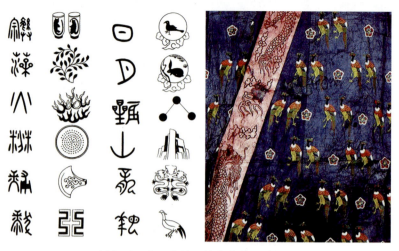

图8-4　十二章纹、袆衣中的彩绘翚文

三、春秋战国时期

春秋战国时期，百花齐放、百家争鸣。服饰的装饰艺术风格由商周的封闭转向开放，造型结构由直线转向自由曲线，艺术格调由静止凝重转向趣味生动。奔放活泼、富有生气的生活题材代替了森严拘谨的饕餮纹、蟠螭纹，服饰上的图案变得更加自由舒展（如图8-5）。

图8-5　饕餮纹、蟠螭纹、龙凤虎纹刺绣、变体凤纹刺绣纹样

春秋战国时期的图案结构非常严谨，几何布局明确。有对凤、对龙纹绣，飞凤纹绣、龙凤虎纹绣，将花草纹、鸟纹、龙纹、兽纹与动植物形象结合，生活气息浓厚。手法上写实与抽象并用，刺绣形象细长清晰、大胆取舍，体现了春秋战国时期刺绣纹样的特色。当时流行的龙凤既寓意宫廷昌隆，又象征婚姻美满、安居乐业（如图8-6～图8-8）。

图8-6　对龙对凤纹经锦和龙凤虎、对凤纹绣

图8-7　战国舞人动物纹锦纹样

图8-8　战国时期的宴乐狩猎攻战纹壶纹样

四、秦汉时期

秦汉时期，统治阶级将阴阳五行思想渗透到服装的颜色和图案中，由于黑色属水，所以秦朝崇尚黑色。秦朝服饰与图案多沿用西周、战国时期的风格，而秦朝的军服在功用性与审美性上则更具特色（如图8-9）。汉代延续战国、秦朝时期的服饰风格，在图案的布局与追求上更加趋于大气、明快、简练、多变，充满浓厚的神话色彩。

图8-9　陕西临潼出土秦兵俑将官铠甲图

秦汉时期的服饰与纹样多以流动起伏的波弧线构成骨骼，注重动势与力度，动物、云气、山岳等元素交错其中。在服饰的装饰上既大气磅礴又细致入微，以重叠缠绕、上下

第八章　中西方历代服饰图案纹样演变

穿插、四面延展的构图，形成了活泼的云纹、鸟纹和龙纹等各种织绣图案（如图8-10、图8-11）。

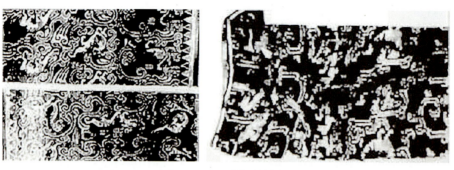

图8-10　汉代经锦图案

图8-11　西汉菱花贴毛锦、东汉人兽葡萄纹毛织品图案

长沙马王堆出土的文物中其服饰图案上有S形云纹。这种S形图案具有左右上下互相呼应、回旋的生动特点，体现了当时人们在进行创作时独具匠心的艺术构思（如图8-12）。

戴长冠、穿深衣的侍者（彩绘木俑）　　梳髻、穿绕襟深衣的妇女　　T字形帛画

图8-12　马王堆汉墓出土的文物

汉代社会经济的空前繁荣，使刺绣工艺技术又得以快速发展。刺绣织锦有各种复杂的几何菱纹，以及织有文字的通幅花纹和传统的汉式山云动物纹等。各种吉祥语铭文如"万寿如意""长乐明光"等装饰在纹样空隙之处，既有鲜明的艺术特色，又有深刻的寓意（如图8-13）。

图 8-13　延年益寿图案手套、汉代五星出东方山云动物纹锦护膊、东汉万寿如意锦

汉代王充的《论衡》中记载"齐郡世刺绣，恒女无不能"，足以说明当时刺绣技艺的普及。汉代刺绣的针法，主要是辫子绣，马王堆汉墓出土的竹简中就记载着三种刺绣名称——信期绣、乘云绣、长寿绣，均使用辫子绣针法，多表现龙纹与云纹、凤纹与云纹的结合。长寿绣是以茱萸纹、如意云纹为主，气势磅礴、格调粗犷，代表"长寿"之寓意，因此称其为"长寿绣"。"信期绣"绣品的图案中有云彩、花草、写意的燕子，使人联想到明媚的春光和万物的生长。在汉代，家燕的别称就是"信期"，这样就和"信期"之词发生了关联，因此命名为"信期绣"。"乘云绣"主要是以五彩祥云变幻造型为饰，因而得此名，寓意宝贵吉祥（如图 8-14 ～图 8-16）。

图 8-14　汉代长寿绣、信期绣纹样

图 8-15　汉代乘云绣、朱色菱纹罗"信期绣"绢手套

图8-16　西汉曲裾袖袍纹样、西汉信期绣棉袍纹样

五、魏晋南北朝时期

魏晋南北朝时期老庄、佛道思想盛行且成为时尚，崇尚自然、超然物外，率真任诞而风流自赏的"魏晋风度"也表现在当时的服饰文化中。

魏晋南北朝时期的服饰图案表现为两个显著的特点：一是继承秦汉以来的艺术风格，二是频繁的战乱带来了外来文化。服饰图案的风格主要是追求服装的整体线条美、飘逸美，在造型设计上趋于粗犷、肥厚（如图8-17、图8-18）。

图8-17　新疆吐鲁番阿斯塔那北区墓葬中出土的北朝夔纹锦、方格兽纹锦

另外，在魏晋南北朝时期由于佛教的盛行和丝绸之路的对外交往，外来的装饰题材也丰富了魏晋南北朝时期的装饰纹样。其中，具有古代阿拉伯国家装饰纹样特征的"圣树纹"，具有佛教色彩的"天王化生纹"，具有少数民族风格的圆圈与点，具有组合特征的中小型几何纹样和忍冬纹等，它们的共同特征是对称排列，动势不大，装饰性强（如图8-19、图8-20）。

图8-18 北朝树纹锦、树叶锦

图8-19 魏晋南北朝时期受外来文化影响的服饰图案与纹样

图8-20 魏晋南北朝时期各种题材的纹样织锦实物

六、隋唐时期

隋朝在历史上只存在了几十年的时间，但服饰的华贵之风甚为盛行，图案纹样的运用以云纹居多。隋代服饰图案有联珠纹服饰图案、狮凤纹服饰图案、团花织锦图案纹样等。这些图案技艺娴熟，纹样新颖、别致，在菱形格式中，布满了白色的联珠纹与黄色云头波形纹样，以忍冬卷叶和团花陪衬着狮和凤。图案内容对称、连续、交错排列，形象清晰、秀美、生动，对唐朝雍容华贵的图案表现形式也具有深远的影响（如图8-21）。

图8-21　隋朝四天王狩纹锦、"胡王"锦

唐代服饰图案继承了周代服饰图案设计上的严谨、战国时期的舒展、汉代的明快、魏晋的飘逸，融合时代特色，体现自由、丰满、华美、圆润的华贵风格。图案多为对禽、对兽、宝相花、贵、王、吉等象征吉祥如意的纹样（如图8-22、图8-23）。

图8-22　唐红地花鸟纹锦

唐代图案传承了先代的文化特色，但是由于异域文化的影响，在图案的布局与表现上又有自身的特点。首先是纹样排列的变化，出现了波斯风格的联珠纹。还有纹样内容的改变，题材已从原先充满神秘色彩的飞禽走兽转为充满生活气息的花鸟植物纹、云纹、吉字纹。尤其以宝相花最具特点，宝相花其实是一种综合了各种花卉因素的想象性图案。另外，来自西方的忍冬纹、葡萄纹等也颇为盛行。

图8-23 唐代香炉狮子凤凰对兽图、唐代红色绫地宝相花织锦绣袜

联珠纹,以小圆圈或小圆球串联呈现,通常不是主纹饰,多用来装饰主纹饰或是排列于周边部分,联珠纹的装饰图案在唐代尤为普遍(如图8-24、图8-25)。

图8-24 联珠纹图案、联珠对马纹锦

图8-25 新疆吐鲁番阿斯塔那唐墓出土联珠大鹿对兽纹锦、联珠狩猎纹锦

宝相花盛行于隋唐时期。一般以某种花卉（如牡丹、莲花）为主体，中间镶嵌着形状不同、大小粗细有别的其他花叶。其实是一种综合了各种花卉因素的想象性图案，反映了唐代文化兼收并蓄、雍容大度的时代风格（如图8-26、图8-27）。

图8-26　隋唐时期的铜镜宝相花图案　　　　图8-27　唐朝宝相花织锦

忍冬纹在东汉末期开始出现，一般为三叶片和多叶片，其变化也多种多样。南北朝时最流行，因它越冬而不死，所以被大量运用在佛教装饰上，比作人的灵魂不灭、轮回永生，可能取其"益寿"的吉祥含意。

蔓草纹，在隋唐时期十分流行，形象丰美，成为一种富有特色的装饰纹样，后人称它为"唐草纹"（如图8-28、图8-29）。

图8-28　忍冬纹与蔓草纹

图8-29　忍冬纹边饰

在唐代，葡萄纹被更多地织入丝织品中。唐人施肩吾诗云："夜裁鸳鸯绮，朝织葡萄绫。"实际上，葡萄纹样早在公元3世纪就已引入中国的西北地区并被用作纺织品纹样。葡萄纹带有五谷丰登的寓意，葡萄枝叶蔓延，果实累累，表达人们祈盼子孙绵长、家庭兴旺的愿望（如图8-30）。

134　服饰图案设计与应用（第二版）

图8-30 唐代海兽葡萄纹砖、缠枝葡萄纹绣花半臂实物

云纹,用来表现云朵的花纹,在唐代刻碑、金银器、玉器、服饰上频繁出现。因为云象征仙境,有吉祥之意,所以模仿云纹造型的图案被广泛应用。中国意匠的云形,不仅形象丰富生动,且更具有中国图案独特的意境美(如图8-31)。

图8-31 唐代云纹图案应用

灰缬,是唐代杰出印染技术的见证。唐代除了绞缬、蜡缬和夹缬外,还有一种专门的碱性印花工艺,简称为"灰缬",即用碱性的防染剂进行防染。绿地十样花是唐代流行的一种变化丰富的灰缬小花纹,织物上的纹样是由四朵小花组成的(如图8-32)。

图8-32 绿地十样花灰缬绢

七、宋代时期

受程朱理学的影响,宋代的服饰图案纹样一改盛唐时期艳丽、豪华、丰满的特点,以轻淡、自然、庄重来体现时代风格,以写实化的花鸟图案为特点,以低纯度色为基调,彰显了典型的宋代审美意境与神韵。

宋代图案纹样的题材多以自然风景、山水花鸟为主,用写实手法来表现,其中以折枝花纹最具代表。宋代服饰纹样受画院写生花鸟画的影响,纹样造型趋向写实,构图严密,在组织排列上将数枝折枝花散点分布,注意花纹之间的相互呼应,形成生动自然而又和谐统一的整体效果(如图8-33～图8-35)。折枝花是通过写生截取带有花冠、枝叶的单枝花卉作为造型对象,经平面整理后保持生动写实的外形和生长动态,作为单位纹样,如百花孔雀、如意牡丹、瑞草云鹤等。宋代图案纹样更多地运用了"吉祥图案",如锦上添花、春光明媚、仙鹤、百蝶、寿字等具有吉祥含义的图案,还有各种吉祥元素的组合,以写生花卉为主,如将一年四季的花卉组合在一起的花饰"一年景"(如图8-36)。当时的服饰和现存的壁画内容足以反映宋代服饰图案的写实风格,并且对后世服饰图案的发展也具有深远的影响(如图8-37)。

图8-33 江西德安南宋周氏墓出土折枝茶花纹亮地纱

图8-34 江西德安周氏墓出土的长安竹纹罗折枝茶花纹亮地纱

图8-35 南宋黄昇出土梅花璎珞图和黄昇出土满地松、竹、梅花纹图

图8-36 南宋黄昇墓出土的"一年景"花卉绶带

图8-37 宋代灵鹫球纹锦袍和宋代戴凤冠、穿衫裙、挂璎珞的妇女（山西永乐宫三清殿壁画）

八、辽金元时期

受两宋汉族服饰文化的影响，辽、西夏、金、元这一时期的织绣技术得到很大的发展，服饰色彩和纹样除了保持本民族的特点外，还吸收了汉族的传统色彩和图案，贵族阶层的长袍，大多比较精致，通体为平绣花纹（如图8-38、图8-39）。

图8-38 辽代南班服饰（河北张家口张世卿壁画）

图8-39 辽代服饰与图案

契丹族的服饰图案与纹样比较朴素，大多通体为平绣花纹。龙纹虽然是汉族的传统纹样，但在契丹族男子的服饰上出现，反映了两民族的相互影响（如图8-40）。从赤峰辽驸马墓出土实物来看，有龙、凤、孔雀、宝相花、璎珞等纹样，与五代时期汉族装饰纹样风格相同（如图8-41）。辽宁法库叶茂台辽墓出土的棉袍上绣有双龙、簪花骑凤羽人、桃花、水鸟、蝴蝶，与北宋汉族装饰纹样风格一致（如图8-42）。

图8-40　缂丝长袍、团龙长袍与团龙刺绣图案

图8-41　百花龙及兽纹缂丝衣料　　　　图8-42　百花撵龙缂丝袍料

西夏时期的服饰图案纹样，尤以1975年银川西夏陵区108号陪葬墓中出土的一些丝织品残片具有代表性，其中有正反两面均以经线起花，经密纬疏的闪色织锦，还有纬线显花空心工字形几何花纹的工字绫（如图8-43）。另外，缠枝牡丹纹和小团花纹丝织品，以及牡丹纹、莲纹刺绣等与宋代装饰艺术风格一致，具有民间风格特征（如图8-44、图8-45）。

图8-43　几何花纹的工字绫

图8-44　西夏缠枝莲纹缂丝及装饰图案

图8-45　西夏服饰图案与人物造型

金代女真族常服春水之服，绣鹘捕鹅，杂以花卉。秋山之服以熊鹿山林为题材，这与女真族的生活习俗有关。金朝仪仗服饰，以孔雀、对凤、云鹤、对鹅、双鹿、牡丹、莲荷、宝相花为饰，贵族女子常在胸臆（膺）肩袖上饰以金绣（如图8-46～图8-48）。

第八章　中西方历代服饰图案纹样演变

图 8-46　金代鹅与鹿图案

图 8-47　金代服饰　　　　　　　图 8-48　披云肩的贵妇（《文姬归汉图》局部）

　　元代的服饰纹样，承袭了两宋装饰艺术的传统，只有少数织金锦纹样加入西域图案的风格。山东邹城市元李裕庵墓出土的香黄色梅雀方补菱纹暗花绸半臂，补内织梅树、石榴树、雀鸟、萱草等，雀鸟栖于树枝上，对鸣呼应，极为生动（如图 8-49）。苏州张士诚母曹氏墓出土的绸裙和缎裙，图案为团龙戏珠、祥云八宝、双凤牡丹及缠枝宝仙等，基本上都继承了宋代写实的装饰风格和柔丽之风（如图 8-50）。

图 8-49　梅雀方补菱纹　　　　　　图 8-50　黄地凤穿牡丹纹绫

元代时期，上层社会崇尚黄金。当时元人尚金线衣料，元代的丝织品中以织金最有名，被称为"纳石失"，也叫"织金锦"（如图8-51），是一种用金线显示花纹从而形成具有金碧辉煌效果的织锦（如图8-52）。各种加金织物、锦缎的龙凤、花卉纹样形态优美、生动活泼，缠枝花纹样变化无穷，刻意追求华丽辉煌的效果（如图8-53）。此种纺织技法始于战国，发展于元代，对明清的缎织物影响深远。

图8-51　织金锦纹样图、元缠枝宝相花纳石失及其局部织纹

图8-52　团龙凤纹织金锦佛衣披肩、月白大蕃莲织金缎

图8-53　元代织金锦衣裙、元代织金锦半袖袍

九、明清时期

明代丝织品的纹样与服饰图案更加丰富多彩，出现了大量的人物、花卉、禽鸟纹样，除了传统刺绣技术外，还创造了平金、平绣、戳纱、铺绒等特种工艺技巧，主要的服饰图案纹样有龙袍纹样、节日纹样、吉祥图案等。

明代时期龙的图案更加完善、传神，在造型上它集中了各种动物的局部特征，头如牛头，身如蛇身，角如鹿角，眼如虾眼，鼻如狮鼻，嘴如驴嘴，耳如猫耳，爪如鹰爪，尾如鱼尾等。凤纹图案也是明代在织锦与女装上应用广泛的纹样形式（如图8-54）。

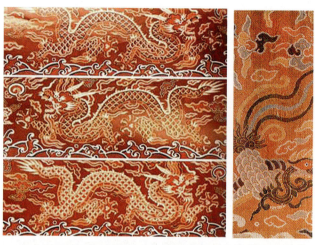

图8-54 明代织金妆花纱柿蒂形过肩龙襕、明代大红地云凤织金妆花缎

明代时期的节日纹样丰富多彩，特别是明宫中的服饰纹样，根据时令变化，有不同质料、图案的服装，并吸收民间风俗，装饰有象征各个时令的应景花纹。葫芦纹是明朝年节时所穿服饰的纹样，取福禄吉庆之意，俗称"大吉葫芦"（如图8-55）。

明代的吉祥图案主题宽泛，图案寓意更加丰富，其应用渐近程式化，成为专门的纹样格式，主要有祥云、万字、如意、花卉、瑞兽等纹样。

明代服饰中云纹有四合如意朵云、四合如意连云、四合如意七窍连云、四合如意灵芝连云、四合如意八宝连云、八宝流云等（如图8-56）。

图8-55 明缂丝葫芦纹藏袍、明代五谷丰登织锦　　图8-56 藏蓝四合如意云龙纹织金缎

文字如寿字、福字、喜字都是明代服饰纹样中常用的,譬如"百事大吉祥如意"七字作循环连续排列,可读成"百事大吉、吉祥如意、百事如意",运用象征、寓意、文字等修辞装饰手法,寄托了人们对美好生活的期许和祝福(如图8-57)。

图8-57　灵芝寿字纹方补、喜字并蒂莲织金妆花缎

明代服饰图案纹样中花草果木也用来象征一定的寓意。例如石榴象征多子,灵芝象征长寿,莲花象征圣洁,并蒂莲花比拟爱情忠贞,牡丹花象征富贵等(如图8-58)。

图8-58　绿地花果纹夹缬绸、青地缠枝莲花妆花缎图、缠枝牡丹花纹

补子是明代文武官服标志性的装饰图案形式。洪武二十六年以后,朝廷官吏,不论文武,不论级别,都必须按规定在袍服的胸前和背后缀一瑞兽补子,文官饰禽,武官饰兽,以示差别,这成为明代官服中最有特色的装束之一(如图8-59)。

图8-59　明代一品文官的鹤纹与一品武官的狮纹补子

水田衣是明代的一种妇女服饰，王维诗中就有"裁衣学水田"的描述。水田衣是以各色零碎锦料拼合缝制而成的服装，因整件服装织料色彩互相交错形如水田而得名。早期的水田衣都是制作规范、程式严密的规则几何形，到后来就比较自由随意，织锦形状呈不规则形，与"百衲衣"（又称富贵衣）相似。在《燕寝怡情》图中就有穿水田衣的女子。明代刺绣百衲图的内容也多以对比强烈的色彩为底色，刺绣的图案为各色的花朵、瓜果、灵芝、如意云纹等，表达了诸如富贵、多子、如意等吉祥的寓意，符合明代服饰图案的审美特征（如图8-60）。

图8-60 《燕寝怡情》中穿水田衣的女子、明代刺绣百衲图

清代服饰图案集我国历代服饰的精华，使清代成为我国服饰文化登峰造极的时期，它既继承了本民族的历史文化优势，又兼收并蓄地吸收了历代汉文化服饰的传统特色，清朝时期的服饰图案与各种织锦纹样美不胜收、五彩斑斓。与以往的历史朝代相比，清代各种服饰配件的完善、图案的繁琐，以及等级观念在服饰图案上的反映更加森严明确了。

清代织物纹样多以写生手法为主，龙狮麒麟百兽、凤凰仙鹤百鸟、梅兰竹菊百花云纹，以及八宝、八仙、福禄寿喜等都是常用题材（如图8-61、图8-62），色彩鲜艳复杂、对比度高、图案纤细繁缛。清代纺织品纹样继续使用谐音喻义吉祥图案，如在图案周边饰以平列状的水波纹，称作"平水"，喻义"四海清平"，再加上寿山石，喻义"江山万代"等（如图8-63）。

图8-61 清代龙纹织锦、清代龙凤纹衣袖纹样

红纳纱百蝶金双喜纹、蓝色漳绒团八宝纹　　银灰色方胜纹暗花纹、绛紫色绸绣桃花团寿纹

枣红色万字菊纹、绿地喜相逢八团妆花缎纹　　湖色缎绣藤萝花、湖色团花事事如意织金缎绵纹样

图8-62　清代各色织物纹样题材

图8-63　"平水"纹织锦

清代补服，也叫"补褂"，为无领、对襟，其长度比袍短、比褂长，前后各缀有一块补子，通常文官绣鸟，武官绣兽。各品补子纹样，均有规定。明代和清代补子的差别，除了部分动物不同外，就是明代的"补子"前后都一样，而清代的"补子"前面的部分是将其图案分成两半，清朝补子比明朝略小（如图8-64）。

图8-64　清代文一品官补子（仙鹤）、武一品官补子（麒麟）纹样

清代时期旗袍大量使用花边，花边的使用最初是为了在易损部位，如领口、袖口、衣襟及下摆等处增加耐磨度，后来渐成为一种装饰品，蔚然成风，并且曾达到无以复加的地步。花边的装饰功能远远替代了其实用功能。尤其是旗女的袍服以镶花边为尚，有时整件衣服全

第八章　中西方历代服饰图案纹样演变　145

用花边镶饰，几乎看不见原来的衣料，到了咸丰、同治年间，花边的装饰达到顶峰（如图8-65）。清代的花边纹样除去各式各样连续的花草虫鸟图案外，较宽的还织有亭榭楼台、山水人物等完整画面。

图8-65　清代花边

十、民国时期

民国时期国外的纺织印染机械被大量引入，民国时期锦绫一类的传统提花织物受到了印花棉布、丝绸、苎麻织物的市场冲击。服饰图案与纹样表现上更多地采用了西方的写生技法和光影处理方法，色彩统一和谐。条格织物、几何纹织物也很受国人青睐。尚简的风尚由留洋女学生带回，廓形的改良也促成了镶滚等装饰的省略。当时，简约的旗袍图案与各色丝绸、印花面料得以推崇，给旧中国的服饰制度带来新的气息，但传统的织锦纹样依然应用广泛（如图8-66）。

民国时期的南京锦绣瑰宝织锦

民国时期的八吉凤纹织云锦、牡丹莲花纹织金妆花缎

图8-66　民国时期服饰图案纹样

民国时期的服饰中西合璧，既有传统的长袍马褂服饰，也有西方传入的西装。另外中山装、袄裙、旗袍更是这一时期上层社会男女的主要服饰，图案纹样中西结合（如图8-67）。

图8-67　民国时期各色图案的袄裙、旗袍

十一、新中国成立后

新中国成立后，在一些偏远地区，人们的服饰依然受到民国时期的影响，在城市则崇尚简朴实用。20世纪50～70年代，素色中山装渐成男子的主要服装，年轻女性多穿有机织花图案的大裙衫。此外还流行过军便装、人民装，列宁装。女装受苏联影响，布拉吉（连衣裙）风靡城市，布拉吉的图案纹样备受年轻女子喜爱。1978年改革开放以后，人们思想大解放，着装观念也发生了巨大变化。服饰的花色、图案纹样丰富多彩，逐渐与国际化服装市场接轨（如图8-68、图8-69）。21世纪中国的服饰图案特征受到了全球化、时尚潮流、文化多元化、数字化等多种因素的影响，推陈出新、形式繁多。除了传统的图案纹样之外，一些网络流行元素和虚拟形象也开始出现在服饰图案中（如图8-70）。

第八章　中西方历代服饰图案纹样演变　147

北京地毯研究所第一批图案设计师作品

20世纪50年代的布拉吉服饰图案

东北一家印染厂开发的凤穿牡丹图案花布，带有麦穗、谷堆图案的花布

图8-68　20世纪50～60年代的图案纹样

20世纪70年代的服饰及面料图案

20 世纪 70～80 年代流行的上海"国民床单"上的牡丹花图案

20世纪80年代被面上的富贵织锦四凤图案

20世纪80年代方格、条纹布图案

20世纪80～90年代的服饰图案搭配

图8-69　20世纪70～90年代的图案纹样

东北大花布面料图案

设计之家面料印花图案矢量素材

图8-70　现代服饰图案纹样设计

第二节　西方历代服饰图案纹样演变

一、古代时期

由于古埃及的悠久历史和古代文明的发达,古埃及的服饰图案与装饰纹样形成了完整和系统的程式、结构体系,古代埃及的服饰图案与纹样主要有人物、植物、几何纹样。人物纹样表现法老、国王的题材居多,植物以纸莎草和莲花为主,几何纹样主要有锯齿纹、卷纹、鱼鳞纹、圆花纹等。植物、几何纹样的构成形式以对称为主,图案格式多为连续纹样(如图8-71、图8-72)。

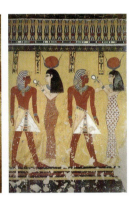

图8-71　法老的冠饰、卡拉西里斯、丘尼克

图8-72　第19王朝的王妃服饰、古埃及的装饰图案纹样

古代西亚地区,自古以来,畜牧业非常发达,这里是最古老的羊毛产地。这里的民族很早就穿羊毛织成的衣服。另外,古西亚的楔形文字也经常作为装饰纹样(如图8-73)。

古代西亚苏美尔人的服饰男女同质同形,均穿用一种名称为卡吾拉凯斯的衣服。卡吾拉凯斯有层层流苏装饰,用衣料制成腰衣,缠绕身体,或缠一周,或缠几周,布料从腰部垂下掩饰臀部(如图8-74)。

图8-73 古代西亚地区的服饰纹样、古西亚楔形文字

图8-74 苏美尔人的卡吾拉凯斯

亚述人的服装受埃及王国时代的影响，十分华美。最大的特征是使用大量流苏装饰，刺绣和宝石装饰技巧很发达，服装面料主要是羊毛织物，棉麻织物也比较普及。亚述人使用的纹样与埃及的类似，但又有自己的特色，主要有两翼天球纹、莲花及花蕾纹、鳞纹、球形的果实纹、山形纹、圣树纹、棕榈纹、蔷薇纹、绳纹和阶梯纹等（如图8-75）。

图8-75 亚述时代的图案纹样、亚述男子的三种外出服装样式

波斯人的装饰纹样基本上承袭了亚述人的装饰纹样特点，但更加图案化和程序化，图案的题材广泛，有人物、动物、植物、几何等内容，圆形纹和菊花纹最为常见。动物纹样有狮子纹、翼狮纹和牧牛纹等（如图8-76）。

图8-76 波斯人的亢迪斯、波斯图案纹样

古希腊边饰图案设计精细，往往用刺绣做纹样。以线描为主，用具象和抽象方式表现对象。代表图案有人物、动物、忍冬、棕榈叶、毛茛叶图案等（如图8-77、图8-78）。

古罗马时期最流行的色彩是白色和紫色，紫色象征高贵，白色象征纯洁、正直。服饰图案纹样受古希腊影响，更加细致、富有变化。常用的图案纹样有：月桂树的叶子纹、卷纹、爵床叶纹饰、满地花纹，以及后来受东方影响的花卉、几何、动物、人物纹样等（如图8-79）。

图8-77 古希腊彩陶上的衣饰纹样、古希腊彩陶动物纹样

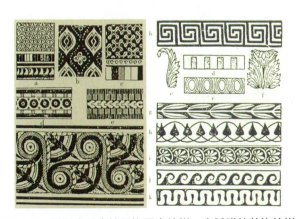

图8-78 爱琴文明中的服饰图案纹样、古希腊的装饰纹样

图8-79 古罗马的染织纹样

二、中世纪时期

拜占庭时期的服饰图案与纹样以几何图形和动植物为主，也有宗教仪式场面。色彩的象征性也十分突出，图形也被赋予象征意义，如鸽子表示神圣的精神，圆表示无穷，十字表示对宗教的信仰（如图8-80）。

图8-80　拜占庭时期的服饰图案与纹样

为了显示权贵和社会地位，上层社会的帕鲁达门托姆在胸前缝有一块四边形的装饰布叫作"塔布利恩"（tablion），是拜占庭帝国特有的高贵的标志，在右肩上有一个宝石制成的饰针加以固定，查士丁尼身穿的帕鲁达门托姆的塔布利恩图案是金色底子上绣有红圆圈和鸟的排列图案（如图8-81）。

图8-81　查士丁尼皇帝与大臣们、皇帝与皇后服饰纹样

罗马时期的服饰图案纹样。由于十字军东征，中世纪罗马时期已经有许多名贵的面料，除东方丝绸、锦缎外，还有天鹅绒、高级毛料、珍贵的裘皮等。布料多采用高级毛织物、缎子、花布等，边缘使用有色丝线、金线等装饰，追求对比强烈、色彩艳丽的效果（如图8-82）。

哥特式时期的服饰图案纹样，受建筑风格的影响，哥特式服装风格主要体现为高高的冠帽、尖头的鞋、衣襟下端呈尖形和锯齿等锐角的感觉。织物或服装表现出来的富有光泽的鲜明色调与哥特式教堂内彩色玻璃的效果一脉相通（如图8-83）。

图8-82　身穿曼特的国王和王后　　　　图8-83　哥特式时期服饰图案纹样

中世纪后期的欧洲人热衷于追求服装色彩的象征意义，追求服装的社会性符号功能，其中，绿色、蓝色和红色最为突出。特别是在五月，人们认为蓝色、绿色是大自然的色彩，节日的盛装几乎都是用蓝色、绿色的毛织物制作。著名的《阿诺菲尼夫妇肖像》画面中，阿诺菲尼的妻子身穿绿色服装，暗示着两人的爱情关系和新生命的孕育（如图8-84、图8-85）。

图8-84　"五月节"的盛装　　　　图8-85　《阿诺菲尼夫妇肖像》

三、文艺复兴时期

文艺复兴时期的装饰图案与纹样注重实用与美观相结合，强调以人为本的功能主义，有具象的人物、动物、植物和抽象的曲线、直线，借助透视法、明暗法进行表现。织物纹样的图案渐趋对称，大结构的花卉纹样明快安定、色彩强烈、技艺精巧，纹饰图案和立体装饰极尽奢华与富丽，对称、回旋、放射是其最为常见的构成形式（如图8-86）。

图8-86　文艺复兴时期的服饰及图案纹样

文艺复兴以来，随着服饰奢华程度的升级，人们受人文主义思想的影响，鲜艳、明亮的色彩受到人们欢迎，摆脱了中世纪陈旧、腐朽的宗教色彩，织锦缎和天鹅绒中还织进了闪闪发光的金银丝线（如图8-87）。

图8-87　左图为穿高档织锦缎罗布的贵妇，右图为文艺复兴时期的女子春装

四、巴洛克时期

巴洛克时期的图案最大的特点是在运用直线的同时巧妙地运用贝壳曲线，并以这种曲线和古老的毛茛叶状的饰纹形式为主要风格。该时期的服饰图案广泛地采用曲线弧线，构图复杂多变，给人以豪华感。

巴洛克风格的染织图案，前期以变形的花朵、花环、果物、贝壳为题材，后期则采用莲、棕榈树叶、茛苕叶形为题材。图案采用贝壳形曲线与海豚尾巴形曲线，这种曲线是巴洛克图案最重要的特征之一（如图8-88）。

图8-88　巴洛克时期的图案纹样

另外，受文艺复兴时期的影响，各类花边纹样的推广和应用也十分广泛，特别是拉夫领和拉巴领花边的流行，《鲁本斯和夫人像》中描绘了此种领形（如图8-89）。

五、洛可可时期

洛可可艺术风格源于18世纪，产生于法国并流行于欧洲。洛可可风格的基本特点是纤弱娇媚、华丽精巧、甜腻温柔、纷繁琐细。洛可可的图案纹样造型多不均衡、不对称，带有反秩序、反常规的装饰倾向，多用C形、S形和涡卷形的曲线。在奢丽纤秀和华贵妩媚中，呈现一种阴柔之韵和矫揉妩媚的特征。图案大量运用中国的卷草纹样，色彩淡雅、柔和，将绮丽、雍容华贵、繁缛艳美的艺术风格发展到极致，洋溢着东方特别是中国情调（如图8-90～图8-92）。

图8-89　《鲁本斯和夫人画像》

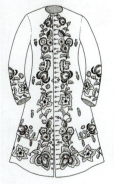

图8-90　朴素的阿比、装饰有中国纹样的服饰、18世纪男子上衣纹样与样式

第八章　中西方历代服饰图案纹样演变

图8-91　英国洛可可时期麻制长裙、有巨大裙撑的宫廷舞会服、穿波兰宫服的女子

图8-92　洛可可风格服饰

洛可可艺术的鼎盛时期大致与路易十五统治法国的时期相对应，这与蓬巴杜夫人的促进不无关系（如图8-93）。

图8-93　弗郎索瓦·布歇的油画作品《蓬巴杜夫人》

六、新古典主义时期

新古典主义艺术风格兴起于18世纪的中期，力求恢复古希腊罗马所强烈追求的庄重与宁静感，强调自然、淡雅、节制的艺术风格，融入理性主义美学。新古典主义时期的服饰图案与纹样也随即在法国大革命之后，跃升为服装款式与图案纹样的代表（如图8-94）。

图8-94　新古典主义时期服饰图案与纹样

七、西方工业革命以后和近现代时期

18世纪发生于英国的工业革命，极大地冲击了欧洲传统图案的格式和风格。19世纪末20世纪初，欧洲兴起了艺术与手工艺活动，在反对模仿、主张创新的氛围中产生了一大批突破传统审美观念的新图案，为近现代服饰图案的设计做了非常充分的理论和实践准备（如图8-95）。

图8-95　18世纪的西方男装、舞会装、婚礼服

19世纪后期，欧洲的工艺美术运动表现出对美术与技术相结合的热衷，呈现出对繁缛装饰形式的厌恶，主张从自然特别是从植物的纹样中汲取素材与营养，为现代图案的产生做了非常充分的理论和实践准备，具有历史性的意义，代表人物是莫里斯（如图8-96）。

图8-96　英国工艺美术运动时期的装饰图案纹样

19世纪末20世纪初在欧洲和美国兴起了新艺术运动。新艺术派可泛指欧洲装饰艺术流派，主要表现在建筑、室内设计和家具设计方面。但是新艺术派在珠宝和织物的设计中也有所表现。新艺术派表现在时装设计中，以优雅而夸张的线条为特点（如图8-97）。

西方艺术到19世纪后期，出现了理念转变的趋势，这个趋势进入20世纪后，成为西方艺术的主流，这就是西方的现代艺术，多元化的现代艺术的价值观是追求纯粹、提倡原创、形式至上、自我中心、整体单调。

图8-97　新艺术运动著名画家阿尔丰斯·穆夏创作的插画

野兽派的艺术风格对时装和纺织品设计产生过重大影响，因而在时装设计上其色彩与图案也表现出这种明显特征（如图8-98）。

图8-98　野兽派服饰图案的应用

以毕加索为代表的立体派艺术于1908年产生于法国，其出现标志着现代派艺术进入一个新的阶段。毕加索为谢尔盖·季亚格希列夫的民间芭蕾舞剧《三角帽》创作了舞台布景图，演出服及图案隐约可见毕加索立体派时期的艺术元素（如图8-99）。

图8-99　毕加索立体派的舞台服装设计

超现实主义艺术形式，多指两次世界大战之间的一种艺术与文学运动，反对形式主义，强调感性，追求幻想与理想重建。以夏帕瑞丽为主的时装设计师，在服装设计中发展了超现实主义的设计风格与大胆的服饰图案的重构（如图8-100、图8-101）。

图8-100　夏帕瑞丽设计的作品

图8-101　AGATHA RUIZ DE LA PRADA的超现实服饰与图案设计

20世纪70年代,衣上绣有俄罗斯传统花纹的服装再度在巴黎流行,以层次分明的长裙、连衣裙、高靿皮靴、高领外衣、头巾、披肩、帽子,以及用毛皮做成的饰环为主要特色(如图8-102)。

图8-102　俄国派的服装设计

古典派是指利用古典艺术的某些特征进行时装设计的流派。古典主义作为一种艺术形式,在服饰图案与纹样的应用上以合理、单纯、适度、明确、简洁和平衡为特征(如图8-103)。

图8-103　古典派服饰图案的应用

未来派的艺术形式于1911～1915年广泛流行于意大利,对服装造型、色彩、面料图案的应用影响深远。受太空服的启示,皮尔·卡丹的时装设计对于未来派时装流行的贡献尤为显著,他突破性地开拓出了一片未来派服饰设计的艺术风格(如图8-104)。

欧普艺术是利用人的视错觉而形成的艺术形式。受欧普艺术的影响,服装设计可按照一定的规律形成视觉上的动感。服饰图案纹样的设计以欧普艺术的视觉感形成收缩、凝聚、回旋、发散的特点(如图8-105)。

图8-104　皮尔·卡丹的未来派时装设计

图8-105　欧普艺术风格的服饰设计

波普艺术通过塑造张扬、怪诞，比现实生活更典型的艺术形象表达一种实实在在的写实主义。表现在服装设计中是大量采用发亮发光、色彩鲜艳的人造皮革、涂层织物和塑料制品及特色鲜明的服饰图案纹样表达一种独到的设计理念（如图8-106）。

图8-106　波普艺术的倡导者和领袖美国安迪·沃霍尔（Andy Warho）的作品、现代波普艺术的领带设计

受荷兰籍画家蒙德里安以几何的直线及多种主要色调结合进行创作的影响，构成主义在服装设计领域提倡"抽象化与单纯化"。匠心独运地将三原色红、黄、蓝进行组合，色彩简约，将服饰图案与纹样进行几何化处理。20世纪60年代法国时装设计师伊夫·圣·洛朗的作品，是当时构成主义艺术形式的代表（如图8-107）。

图8-107　伊夫·圣·洛朗借鉴蒙德里安的作品设计的时装

后现代派时装设计追求自由模式，以建构、解构互为因果的循环方式解构服装的构成，把服饰图案巧妙地运用到人体结构与服装结构的分解、组合中。亚历山大·麦克奎恩、川久保玲是解构主义的杰出代表（如图8-108）。

图8-108　川久保玲的设计作品

多元化的组合设计，成为现代服装设计的主流。混合各种不同元素的图案纹样，色调统一或色彩鲜明，配以不同质地、不同肌理效果的饰品，彰显出现代服饰审美的多样统一性（如图8-109）。

图8-109　现代服饰设计的多元化

1.借鉴中国历代服饰图案纹样，进行传统与现代相结合的服饰设计。
2.借鉴西方历代服饰图案纹样，进行传统与现代相结合的服饰设计。

参考文献

[1] 辞海.上海：上海辞书出版社，1979.

[2] 雷圭元.图案基础.北京：人民美术出版社，1963.

[3] 沈从文.龙凤艺术.北京：作家出版社，1960.

[4] 石裕纯.服饰图案设计.北京：纺织工业出版社，1991.

[5] 华梅.西方服装史.北京：中国纺织出版社，2003.

[6] 李当岐.西洋服装史.北京：高等教育出版社，2007.

[7] 廖军.图案设计.沈阳：辽宁美术出版社，2007.

[8] 贺景卫，黄莹.电脑时装画.长沙：湖南美术出版社，2010.

[9] 张如画.四大变化设计技法图例——动物与人物（上）长春：吉林美术出版社，2004.

[10] 孙世圃.服饰图案设计.北京：中国纺织出版社，2000.

[11] 孙雯.服饰图案.北京：中国纺织出版社，2000.

[12] 宋一程.图案·构成.北京：高等教育出版社，1999.

[13] 王可君.装饰图案设计.长沙：湖南美术出版社，2002.

[14] 段建华.民间染织.北京：中国轻工业出版社，2005.

[15] 郑军，刘沙予.服装色彩.北京：化学工业出版社，2007.